Er Tong
Cheng Zhang
Bi Du Jing Dian

儿童成长必读经典

恐龙王国
大百科

这是一本关于恐龙的宝典，
藏着好多的秘密，把它送给对恐龙好奇的你。

李翔 编

U0305683

吉林出版集团股份有限公司 | 全国百佳图书出版单位

在博物馆里,孩子们看到的是大大小小、形态各异的恐龙骨架;在电影里,孩子们看到的恐龙是残暴的霸主、恐怖的主角;在漫画家的笔下,孩子们看到的是一群呆头呆脑的家伙。于是孩子们以为恐龙是一个失败的生物类群,殊不知它们曾经统治地球长达1.6亿年之久,是迄今为止地球上最强大的动物之一。

由于恐龙生活的年代太过久远,所以在人们眼中,恐龙被蒙上了神秘的色彩:什么是恐龙?恐龙都是庞然大物吗?恐龙是怎样生活的?它们为什么会突然消失?恐龙时代的地球是什么样的……一个个谜题就像磁石一样吸引着孩子们。

为了满足小朋友们的好奇心和求知欲,我们精心编写了这本书,书中列举了最常见、最具个性和特色的恐龙,将它们的外形、食性、性情、喜好用生动活泼的语言为小朋友们一一呈现。

本书还配有一幅幅精美的图画,以图文并茂的形式给小朋友们最直观、最精彩、最酣畅的阅读享受。

翻开本书,小朋友不仅能够品尝知识的大餐,更是在享受一场恢宏的视觉盛宴!

让我们走进恐龙世界,走进洪荒年代,在文字和图片的带领下,来一次古生物之旅吧!

目录

恐龙进化示意图 …………… 6

最古老的"小个子"——黑水龙 … 8

被农民发现的恐龙——埃雷拉龙 10

第一种巨型恐龙——板龙 …… 12

空心骨头——腔骨龙 ………… 14

古老的恐龙之一——南十字龙 16

最早的勇士——始盗龙 ……… 18

行动敏捷的恐龙——原美颌龙 20

一爪二用的恐龙——里奥哈龙 22

恐龙中的"小老鼠"——鼠龙 … 24

上了邮票的恐龙——禄丰龙 … 26

小脑袋大个子——大椎龙 …… 28

一身"铁布衫"——小盾龙 …… 30

美丽天使——安琪龙 ………… 32

有双冠的恐龙——双脊龙 …… 34

巨大而温和的恐龙——巨脚龙 36

很大很大的恐龙——巨体龙 … 38

仗剑走天涯——剑龙 ………… 40

最早被命名的恐龙——斑龙 … 42

侏罗纪会飞的恐龙——奇翼龙 44

善于偷袭的阴谋者——单脊龙 46

中国的最早剑龙——华阳龙 … 48

被意外发现的恐龙——气龙 … 50

让人疑惑的名字——迷惑龙 … 52

让大地震颤的恐龙——哈氏梁龙 54

长了两个脑子——马门溪龙 … 56

脖子很长身体像墙——腕龙 … 58

身背小叉子的恐龙——叉龙 … 60

让人望而生畏的恐龙——永川龙 62

神秘短角在鼻子上——角鼻龙 64

迷你"小个子"——美颌龙 ····· 66

牙齿奇怪的恐龙——橡树龙 ··· 68

空心脊椎骨——圆顶龙 ······· 70

高智商的恐龙——异特龙 ····· 72

传说中的盗鸟贼——嗜鸟龙 ··· 74

恐龙界第一"剑客"——沱江龙 76

"铠甲护卫"——钉状龙 ······· 78

在树上生活的恐龙——树息龙 80

"冷血杀手"——蛮龙 ········· 82

引人注目的恐龙——五彩冠龙 84

脖子最长的恐龙——梁龙 ····· 86

弯腰驼背的恐龙——弯龙 ····· 88

大眼睛恐龙——快达龙 ······· 90

最早被发现的恐龙——禽龙 ··· 92

长着鬃毛的恐龙——阿马加龙 94

慢慢腾腾的恐龙——慢龙 ····· 96

长有羽毛的恐龙——帝龙 ····· 98

美丽的暴君——华丽羽王龙 100

保存完好的化石——葬火龙 102

穿着厚盔甲的恐龙——楯甲龙 104

最可爱的恐龙——鹦鹉嘴龙 106

又大又笨的恐龙——腱龙 ····· 108

令人激动的恐龙——激龙 ··· 110

中国的鸟蜥蜴——中国鸟龙 112

勇敢的爬行动物——豪勇龙 114

喜欢吃鱼的恐龙——重爪龙 116

大胃王——木他布拉龙 ····· 118

沉重的恐龙——沉龙 ········· 120

鳄鱼的模仿者——似鳄龙 ··· 122

庞然大物——南方巨兽龙 124

长得像树懒的恐龙——懒爪龙 126

强悍的恐龙——鲨齿龙 ····· 128

恐龙中的"飞毛腿"——棱齿龙 1 3 0

长着头冠的恐龙——冠龙 … 1 3 2

犀牛似的恐龙——尖角龙 … 1 3 4

断角之龙——河神龙……… 1 3 6

扛着帆板的恐龙——棘龙 … 1 3 8

最可爱的恐龙——赖氏龙 … 1 4 0

敏捷的小强盗——伶盗龙 … 1 4 2

最有母爱的恐龙——慈母龙 1 4 4

鸵鸟似的恐龙——似鸟龙 … 1 4 6

最聪明的恐龙——伤齿龙 … 1 4 8

牙齿最多的恐龙——鸭嘴龙 1 5 0

背"黑锅"的恐龙——窃蛋龙 1 5 2

叫声最大的恐龙——副栉龙 1 5 4

鸡的模仿者——似鸡龙 … 1 5 6

大脑袋恐龙——牛角龙 … 1 5 8

角最多的恐龙——戟龙 … 1 6 0

挖掘能手——单爪龙……… 1 6 2

全身披甲的恐龙——甲龙 … 1 6 4

凶猛恐怖的猎手——特暴龙 1 6 6

嘴像鸟的恐龙——纤角龙 … 1 6 8

全副武装的恐龙——包头龙 1 7 0

最会挖洞的恐龙——掘奔龙 1 7 2

孵宝宝的恐龙——萨尔塔龙 1 7 4

顶级掠食者——达斯布雷龙 1 7 6

不畏强敌的恐龙——三角龙 1 7 8

凶猛的捕食者——霸王龙 … 1 8 0

恐龙中的猎豹——食肉牛龙 1 8 2

像山羊般打架的恐龙——肿头龙 1 8 4

它有心脏吗——奇异龙 … 1 8 6

最畸形的动物——翼手龙 … 1 8 8

"知名人士"——无齿翼龙 … 1 9 0

恐龙进化示意图
KONGLONG JINHUA SHIYI TU

蜥蜴

黑水龙

大椎

古生代
5.7亿-23亿年前
（古生代）

三叠纪
2.5亿年前
（中生代）

鹦鹉嘴龙

腕龙

赖氏龙

掘奔龙

甲龙

萨尔塔

悠悠岁月，恐龙是这样进化、
繁衍，直至灭绝……
不过，前面的物种并不一定是
后面物种的直系祖先。

小盾龙

双脊龙

始祖鸟

角鼻龙

白垩纪

6500 万年前
（中生代）

三角龙

霸王龙

最古老的"小个子"——黑水龙
ZUI GULAO DE XIAO GEZI——HEISHUILONG

黑水龙是已知最古老的恐龙之一。

跨越古大陆的"亲戚"

黑水龙属于植食性的恐龙,生活在三叠纪的南美洲,与在欧洲发现的板龙为近亲,可见,那时的动物物种跨越了盘古大陆。如大部分早期恐龙一样,黑水龙的体形相当小,用后肢行走,体重约70千克。

◑ 最古老的恐龙

黑水龙是最古老的恐龙之一。在它生活的时代，恐龙并不多，而且绝大多数都是小个子。黑水龙的脖子和尾巴占身体长度的很大比例，它能以后肢站立，而后来出现的类似身体比例的大型植食性恐龙却不能这样。

◑ 雷龙的祖先

黑水龙有着长长的脖子和长长的尾巴，与后来出现的雷龙、梁龙很像，因此黑水龙被认为是它们的祖先。

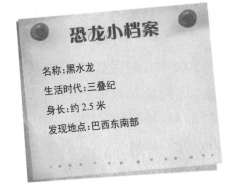

恐龙小档案

名称：黑水龙

生活时代：三叠纪

身长：约2.5米

发现地点：巴西东南部

被农民发现的恐龙——埃雷拉龙

BEI NONGMIN FAXIAN DE KONGLONG——AILEILALONG

1959 年，阿根廷的一位名叫埃雷拉的农民无意间发现了一块恐龙骨骼化石，后来，这种恐龙被命名为"埃雷拉龙"。埃雷拉龙是最早的肉食性恐龙之一，属于中型恐龙，体重约 210～350 千克。

◑ 奔跑迅速

埃雷拉龙灵活机敏，奔走迅速。一般生活在高地，可能会用类似鸟类的下肢，在植被茂密的河岸边大步行走、伏击或寻找食物。而未成年的埃雷拉龙可能会以其他动物的腐尸为食。

◑ 身有"三件法宝"

第一件法宝是耳朵,埃雷拉龙的耳朵里有个很特别的听小骨,这使得它的听力十分敏锐,周围细小的动静、猎物的微小动作都逃不过它的耳朵;第二件法宝就是它强壮的后腿,埃雷拉龙的后腿是可以站立的,这使它奔跑的速度非常快,超越了同时期的多数恐龙;第三件法宝就是锋利的牙齿,它的牙齿咬住猎物后,不管猎物怎么挣扎都很难逃脱。

恐龙小档案

名称:埃雷拉龙、黑瑞龙、赫雷拉龙

生活时代:三叠纪中晚期

身长:3～6米

发现地点:阿根廷的月谷

◑ 餐后点心

如果没有吃饱,埃雷拉龙就会在正餐后再加点儿点心,这些点心通常是蜻蜓等昆虫。也许你觉得不可思议,笨重的恐龙怎么可能捕到昆虫呢?但是,埃雷拉龙真的能够做到。它的大爪子灵活得让人惊讶,能将各种昆虫收入腹中。

第一种巨型恐龙——板龙
DI-YIZHONG JUXING KONGLONG——BANLONG

据考古研究,板龙是已知最早的巨型植食性恐龙,有一辆公共汽车那样长。在它之前,最大的植食性恐龙也就像一头猪那么大。

◗ 四脚着地更舒服

板龙的头很小,颈部较长,由9块颈椎骨构成,因此脖子很灵活。板龙的趾爪比较灵活,平时踩在地上像脚趾,想抓东西时又能像手指那样弯曲。它还可以用两只强壮的后腿直立起来,加上长脖子,几乎能够到最高的树梢。但灵活的脖子也使它头重脚轻,所以,四脚着地对它来说会更舒服。板龙的尾巴由至少14块尾椎构成,可

以与它长长的脖子保持平衡。板龙的眼睛朝向两侧，使视线的范围更广，有警戒的作用。

◐ 吞石头，促消化

板龙有许多小牙齿，呈锯齿状。它还有个狭窄的颊囊，吃东西的时候免得食物漏出来。板龙的牙齿和上下颌的结构都不太适合咀嚼，因此，它要吞下很多石头，像一台碾磨机那样滚动碾磨，把食物碾成糊状。

◐ 悲惨的迁徙之路

板龙常在旱季食物缺乏时，集体向海边迁徙，这时必须横跨沙漠，忍受酷暑和饥渴，而那硕大的身体很不容易散热，如果在中途迷路，就会发生集体死亡的惨事。

恐龙小档案

名称：板龙

生活时代：三叠纪晚期

身长：6～8米

发现地点：德国纽伦堡附近

空心骨头——腔骨龙
KONGXIN GUTOU——QIANGGULONG

腔骨龙是北美洲的小型肉食性恐龙,也是已知的最早恐龙之一。

◑ 坏脾气的小家伙

腔骨龙看起来十分玲珑可爱,但是性情却暴躁残忍,一旦看到猎物就会群起而攻之,不管是其他恐龙、蜥蜴,还是哺乳动物,都难逃它们的魔爪。

◑ 空空的骨头

腔骨龙的头部有大型洞孔，可以帮助减轻颅骨的重量。长颈呈柔美的S形，不像其他恐龙那样僵直。它站立的姿势相当笔直，看上去精神极了，就像精力充沛的战士。它的后肢脚掌有三趾，后趾是不接触地面的。腔骨龙的四肢骨头是空心的，被称为"空心骨头"。这使它的身体轻盈敏捷，如同鸟类一样。

◑ 同类也不放过

腔骨龙的头部很窄，牙齿锋利，身体敏捷，后腿发达，尾巴可以在奔跑时掌控身体平衡。据说在食物不足时，腔骨龙甚至还会捕食自己的同类。

恐龙小档案

名称：腔骨龙

生活时代：三叠纪晚期

身长：2～3米

发现地点：美国新墨西哥州

古老的恐龙之一——南十字龙

GULAO DE KONGLONG ZHIYI——NANSHIZILONG

南十字龙是种小型的兽脚类恐龙，身长约 2 米，尾巴的长度约 0.8 米，体重约 30 千克。

◐ 原始的恐龙

南十字龙的牙齿和体形表明它是肉食性恐龙，同时，它也是最古老的恐龙之一。

◗ 适合捕猎的嘴巴

南十字龙捕食身形较大的猎物时，可以用小而弯曲的牙齿撕扯猎物的皮肉。另外，南十字龙的下颌非常灵活，可以前后、上下、左右移动，因此，当它们捕食较小的动物时，可直接吞食。

◗ 尾巴掌舵

自从南十字龙的腿部骨骼被发现后，它就被视为快速奔跑者。要跑得又快又稳，就必须保证身体的平衡，而南十字龙的尾巴又长又细，可在奔跑时保持身体的平衡。

恐龙小档案

名称：南十字龙

生活时代：三叠纪晚期

身长：约2米

发现地点：巴西南部南里约格朗德州

最早的勇士——始盗龙

ZUIZAO DE YONGSHI——SHIDAOLONG

始盗龙被认为是目前已发现的恐龙中最原始的恐龙，是一种小型肉食性动物。

◑ 个小能力大

始盗龙的体形小，体态轻盈，重量约 10 千克。但是抓捕猎物时它的行动力和爆发力可一点儿都不弱。从始盗龙的前肢化石可以推测，始盗龙有能力捕捉同它体形差不多的猎物。

◐ 奇怪的牙齿

　　始盗龙的前后牙齿是不一样的。前面的牙齿呈锯齿状,有利于撕咬肉类食物,符合肉食性恐龙的特点。但是让人奇怪的是,它后面的牙齿是树叶状的,这种牙齿是植食性恐龙才有的。所以,研究者认为,始盗龙可能是杂食动物。

◐ "手脚并用"

　　始盗龙有 5 个趾,这是早期恐龙的特征,后来出现的恐龙的趾越来越少,霸王龙只有两趾。始盗龙的前三根趾很长,上面有爪,可能是用来捕捉猎物的。第四及第五根趾太小,作用似乎不大。始盗龙的前肢比后肢短,平时依靠后肢走路,但也有可能还需要"手脚并用"地爬来爬去。

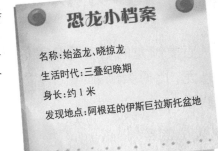

恐龙小档案

名称:始盗龙、晓掠龙

生活时代:三叠纪晚期

身长:约 1 米

发现地点:阿根廷的伊斯巨拉斯托盆地

行动敏捷的恐龙——原美颌龙

XINGDONG MINJIE DE KONGLONG——YUANMEIHELONG

　　原美颌龙的名字是从美颌龙衍生而来的,美颌龙是存在于侏罗纪晚期的一种恐龙,比原美颌龙晚了约 5000 万年,所以,原美颌龙与美颌龙之间并没有直接联系。

◑ 轻盈的身体构造

　　原美颌龙生活在欧洲地区,是一种肉食性恐龙。它们的前肢短小,但强壮有力,

后肢和尾巴都很长。原美颌龙的骨骼是中空的,因此它们的体重很轻,反应迅速,动作敏捷。

◑ 打猎高手

原美颌龙生存于内陆地区,气候干燥,它们通常集体捕食,蜥蜴和昆虫是它们的主要食物。一旦发现猎物,它们会依靠自己强壮的后腿快速奔向猎物,尾巴则能够使它们在快速奔跑的时候保持身体的平衡,短小的前肢能够帮助捕猎,并快速地将猎物送进嘴中。

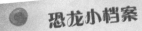

恐龙小档案

名称:原美颌龙、原细颚龙、始秀颌龙

生活时代:三叠纪晚期

身长:约1米

发现地点:德国

一爪二用的恐龙——里奥哈龙

YI ZHAO ER YONG DE KONGLONG——LI'AOHALONG

里奥哈龙是里奥哈龙科中唯一生存于南美洲的恐龙,这种恐龙最初被认为是黑丘龙的近亲,但这并没有得到所有生物学家的认可,争论还在继续。

◑ 空空的脊椎骨

里奥哈龙的颈部和尾巴都很长,四肢粗壮而结实,前肢和后肢的长度比较相近,这表示它们很可能是以四足着地行走的。尽管里奥哈龙又大又重,但是它们的脊椎骨是空的,这样可以减轻身体的重量。

◑ 站着吃得高

里奥哈龙的牙齿呈叶状,边缘呈锯齿状,这表明它们是植食性恐龙。它们能够依靠长长的颈部或凭借强壮的后肢站立起来,吃到高处的树叶。

恐龙小档案

名称：里奥哈龙
生活时代：三叠纪晚期
身长：约10米
发现地点：阿根廷拉里奥哈省

◑ 一爪二用

里奥哈龙往往比它们的竞争对手更大，更重。它们的前肢长有尖尖的爪子，能钩住树枝，也可以用来自卫。里奥哈龙的四肢比较长，每个趾尖都生有尖爪。

恐龙中的"小老鼠"——鼠龙
KONGLONG ZHONG DE XIAO LAOSHU——SHULONG

顾名思义,这是一种体形像老鼠的爬行动物。1979年,人们在南美洲的阿根廷发现了鼠龙的巢穴化石,令人惊奇的是,巢中的鼠龙蛋仍保存完好。

◑ 小小的鼠龙蛋

鼠龙的蛋也很小,最大的直径也只有25毫米。鼠龙的巢穴遗迹是至今为止发现的所有恐龙巢穴中最古老的,也是体形最小的一种。

◑ 吞下石头助消化

鼠龙属于植食性恐龙,主要以银杏树等为食。像许多植食性恐龙一样,它们常会吞食一些石头,以磨碎食物,帮助消化。

可爱的鼠龙宝宝

刚刚孵化的鼠龙幼崽身长不过20厘米，我们甚至可以用双手将其捧起，但它成年后会长到3米长。也有的成年鼠龙可以达到5米长，120千克重。

长大了，走样了

科学家仔细比较了鼠龙幼崽和成年鼠龙，发现幼龙长着较大的脑袋、较大的眼睛和圆圆的鼻子。而成年鼠龙则长着较小的脑袋和眼睛，有较狭长的尖鼻子。

恐龙小档案

名称：鼠龙

生活时代：三叠纪晚期（或侏罗纪早期）

身长：成年3～5米

发现地点：阿根廷

上了邮票的恐龙——禄丰龙

SHANG LE YOUPIAO DE KONGLONG——LUFENGLONG

1938 年，人们在中国云南省的禄丰地区发现了禄丰龙的化石，也是在中国发现、挖掘、研究和装架的第一具完整的恐龙化石。为了纪念禄丰龙化石的发现，人们还把它印在了 1958 年国家邮政总局发行的邮票上。

◐ 体形娇小

禄丰龙站立时高 2 米多，比今天的马大不了多少，在以大块头著称的恐龙界已算是娇小了。一个小小的三角形的头，与整个身躯比较起来，显得实在是太小了，头骨构造也很简单。禄丰龙嘴巴长，牙齿细，像带锯齿的小树叶，这样的牙齿便于吞食植物。它脖子很长，脖子上的脊椎骨构造也很简单，这说明它的脖子不是很灵活。禄丰龙生活在浅水区，主要以植物叶或柔软的藻类为食，多以两足行走。

◑ 五个"世界之最"

"禄丰蜥动物群"是当今世界最原始、最古老的脊椎动物化石群。禄丰龙化石的种类居世界之最。禄丰龙化石保存的数量居世界之最。禄丰龙化石埋藏的密度居世界之最。禄丰龙化石的完整性居世界之最。

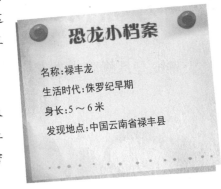

恐龙小档案

名称：禄丰龙
生活时代：侏罗纪早期
身长：5～6米
发现地点：中国云南省禄丰县

◑ 自带"板凳"

禄丰龙的脚掌很宽大，脚上有5趾，趾端有粗大而锐利的爪，当有肉食恐龙来袭时，这件武器就能派上用场了。它的前肢较短小。身后拖着一条粗壮的大尾巴，站立时，可以用来支撑身体，好像随身带着凳子一样，很像袋鼠。

小脑袋大个子——大椎龙
XIAO NAODAI DA GEZI——DAZHUILONG

大椎龙是原蜥脚类恐龙,也是地球上最早出现的植食性恐龙之一。

◐ 不协调的身材

大椎龙有着细长的颈部、长长的尾巴、小小的脑袋,以及修长的身体。如果大椎龙站起来,它的头就可以够到双层公共汽车的顶部。可是,它却有个小脑袋,这和庞大的身躯一点儿都不成比例。

◑ 防御武器

大椎龙的拇指上长有长而弯曲的爪,这应该是起防御作用的。此外,在第二趾和第三趾的配合下,拇指还有抓握的功能,可以捡起地上的食物。

◑ 消化不良,石头帮忙

大椎龙的牙齿很小,可以咬下松针,但咀嚼功能却不强。后来,古生物学家在它的腹部找到了一些小卵石,这是大椎龙故意吞下,用来帮助消化食物的。胃石可以将松针捣碎成浓厚、黏稠的汁液,从而使大椎龙更容易吸收营养。

恐龙小档案

名称:大椎龙、巨椎龙

生活时代:侏罗纪早期

身长:4～6米

发现地点:南非

一身"铁布衫"——小盾龙
YISHEN TIEBUSHAN——XIAODUNLONG

小盾龙是植食性恐龙的一种,臀部高度为 0.5 米,重达 10 千克。

◑ "漏下巴"

小盾龙的头和其他植食性恐龙的头部有很大不同,它的上下颌中分布着树叶状的牙齿,可以用来磨碎食物,但却没有颊囊。那它吃起东西不是边吃边掉,像个"漏下巴"?或者是小口小口地细嚼慢咽?

◑ "铁布衫"加身

小盾龙有着狭长的身体,纤细的四肢,以及延伸加长的尾部,酷似今天放大版的蜥蜴。它还有一种独门武器——"铁布衫"。小盾龙身上长有一排排骨质的盾甲,这种盾甲坚硬而锋利,肉食性恐龙如果贸然撕咬小盾龙的身体,不但吃不到它的肉,而且自己还可能会受伤。

◑ 闻风而逃

小盾龙体态轻盈,能够快速奔跑。它还有一条比身体还长的尾巴,能够在奔跑时帮助身体保持平衡。小盾龙的前肢和后肢的长度差不多,多数时候用四足行走。但是,一有风吹草动,它就抬起前腿,迈开后腿,甩动尾巴,一溜烟地跑进矮树丛中。

恐龙小档案

名称:小盾龙

生活时代:侏罗纪早期

身长:约1.2米

发现地点:美国亚利桑那州

美丽天使——安琪龙
MEILI TIANSHI——ANQILONG

安琪龙是小型恐龙，分布在美国、中国、南非等地。

◑ 美丽的身材

安琪龙长着一个近三角形的小脑袋，鼻子细长，不管是四肢还是脖子、尾巴，都显得修长匀称，身体轻巧，行动灵便。简直就是恐龙界的美丽天使！

◑ 悠闲又惬意

安琪龙是一种植食性恐龙，它有着又尖又长的嘴。它的牙齿并不锋利，形状像

钻石一样，应该是特别为取食树叶而生的。古生物学家想象它咀嚼树叶的样子一定悠闲自得，十分惬意。

三十六计走为上

安琪龙的脚掌上长有弯曲的脚趾和锋利的爪。它不是肉食性的恐龙，却拥有这样锋利的爪子，科学家猜测它的爪子可能是用来挖掘植物的根茎的，也有可能是用来打架的。当然，如果有敌人接近时，安琪龙首先考虑的不是打，而是撒腿就跑，三十六计走为上嘛！实在不行了再开打。

可以走，也可以站

安琪龙的前肢长度仅仅是后肢长度的三分之一，凭这一点我们可以推测它应该跟板龙类似，平时用四肢爬行，但有时依靠后肢站立，这样就能够吃到高处的食物了。

恐龙小档案

名称：安琪龙、近蜥龙、兀龙

生活时代：侏罗纪早期

身长：1.7～2米

发现地点：中国贵州

有双冠的恐龙——双脊龙

YOU SHUANGGUAN DE KONGLONG——SHUANGJILONG

双脊龙在古希腊文中的意思是"双冠蜥蜴"，因为它们的头顶长着两个大大的脊冠。

◑ 就是这个样

双脊龙的动作十分敏捷，善于奔跑。它们长长的尾巴可以控制身体的平衡。双脊龙的前后肢上都长有长长的利爪，能够很轻易地撕破其他恐龙的皮肉。

◑ 一举两得的双冠

双脊龙的两个脊冠相当脆弱,不可能作为搏斗的武器,倒像是用来吸引异性的工具,也可以用来威吓敌人,真是一举两得。

◑ 到底吃什么

相比那些大型肉食性恐龙,双脊龙的身体还算苗条,所以行动敏捷。它们的嘴巴前端特别狭窄,柔软而灵活,可以从石头缝里将那些小蜥蜴叼出来吃掉,也能追捕植食性恐龙。但是,有的科学家从它的嘴巴构造和牙齿功能推断,它无法捕食大型的肉食性恐龙,只能捕食小型植食性恐龙或者干脆吃别的恐龙吃剩下的猎物。

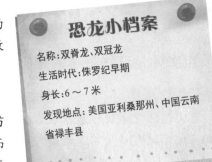

恐龙小档案

名称:双脊龙、双冠龙

生活时代:侏罗纪早期

身长:6～7米

发现地点:美国亚利桑那州、中国云南省禄丰县

巨大而温和的恐龙——巨脚龙
JUDA ER WENHE DE KONGLONG——JUJIAOLONG

巨脚龙是已知最早的蜥脚类恐龙之一。

名字的来历

巨脚龙的化石曾经散落在印度的田野上，当时把这些骨头化石收集起来送往博物馆的卡车司机曾把这些化石说成是"巨大的腿"，于是便有了"巨脚龙"这个名称。

印度和东非是一体吗

虽然巨脚龙的化石是在印度被发现的，但却很像在东非发现的其他标本。由此估计，在早侏罗纪时，这块大陆应该是连接在一起的。

◑ 温和的恐龙

　　尽管巨脚龙的个儿头很大，但它却是温和的植食性动物。它背部的一些骨头是中空的，这有效减轻了身体的重量。据说它的口中长着汤匙形状的牙齿，这种牙齿该如何咀嚼食物呢？还真是让人好奇啊！

恐龙小档案

名称:巨脚龙、巴拉帕龙、巨腿龙

生活时代:侏罗纪早期

身长:约18米

发现地点:印度中部

很大很大的恐龙——巨体龙

HEN DA HEN DA DE KONGLONG——JUTILONG

巨体龙可能是泰坦巨龙类,是四足的植食性恐龙,像腕龙一样有着长颈及长尾巴。

◐ "大块头"被发现

1989 年,巨体龙的化石是在印度的一个村庄被发现的。它重约 190 ～ 220 吨,在恐龙之中,只有易碎双腔龙可以与它相比。

◐ "大块头"的身体结构

与庞大的身体相比，成年巨体龙的头颅完全不成比例，它不仅脑袋小，嘴也小，连牙齿都很细小。巨体龙的颈长十几米，可以方便地吃到高处的树叶。它的尾巴很粗大，与颈部几乎等长，可以保持身体的平衡，也可以作防御武器。为承受巨大的身体，它的四肢肌肉很发达，且强劲有力。它有5个趾，趾上有爪子。

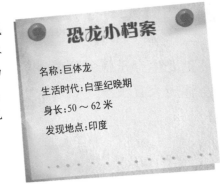

恐龙小档案

名称:巨体龙

生活时代:白垩纪晚期

身长:50～62米

发现地点:印度

◐ 它真的存在过吗

巨体龙是否真的存在过还存有争议。

1995年，古生物学家萨克查吉特将它划入泰坦巨龙类，而在原有的文献中只有很少的文字描述和几幅线图，这引起了大家的猜测，认为那些骨头其实是硅化木——就像波塞东龙最初被发现时，还以为它是树干化石。

仗剑走天涯——剑龙
ZHANG JIAN ZOU TIANYA——JIANLONG

　　剑龙生存于侏罗纪晚期,因身上长着尖尖的、像宝剑一样的板刺而得名。它的身体庞大且沉重,大概像一辆大巴车那么大。

🌀 我们一起吃素吧

　　剑龙居住在平原上,并且是以群居的方式和其他

植食性动物一同生活。它们所吃的食物包括苔藓、蕨类、苏铁、松柏与一些果实。同时由于咀嚼能力较弱，它们也会吞下胃石，以帮助肠胃消化食物。

◐ 一身是剑

剑龙的背上长着17块分离的骨板，尾部有4根尖刺，这些尖刺可以用来防御，可能还起到调节体温的作用。关于剑龙尾部尖刺的作用曾有一些争议，有人认为它的尾巴很有可能可以当武器使用，因为在尖刺化石上有一些伤痕，很可能是在战斗中留下的。

◐ 还有第二大脑

剑龙的大脑非常小，脑容量甚至比小狗还小。有些古生物学家猜测，剑龙可能有两个大脑：一个在头部，是"主脑"；另一个则在它的屁股上，是"副脑"。两个大脑相互配合，才使剑龙能够适应复杂的生存环境。这"第二大脑"可能用来控制身体的后半部，同时，也可能在剑龙遭受攻击时，暂时帮它们抬高身体。

最早被命名的恐龙——斑龙

ZUIZAO BEI MINGMING DE KONGLONG——BANLONG

斑龙的名字在希腊文意为"大蜥蜴",生存于欧洲,是一种典型的肉食性恐龙。然而,遗憾的是,因为没有完整的骨架化石,科学家对它的了解并不全面,估计体重 1 ～ 1.5 吨。

◐ 短腿不会跑

斑龙是种大型肉食性恐龙,体形中等,可用后腿站立,长尾巴可用来平衡身体。虽然它的前腿比较短小,但是在前脚

趾的末端长着小钩子似的爪。后腿粗壮结实，但不善
于奔跑。

◑ 一口利牙好打猎

斑龙视觉发达，嗅觉敏锐，能够迅速确定远处猎物
的方向，并发动攻击，用嘴巴撕咬、用利爪紧抓或用尾
巴抽打猎物。斑龙的下颚十分发达，它只需用满是牙
齿的大嘴咬住猎物，就可以轻易地把对方制服。

◑ 斑龙的菜单

斑龙可能猎食剑龙类与蜥脚类恐龙。过去曾有人
认为斑龙是在森林中猎食禽龙，但禽龙的化石发现于白垩纪早期地层，而斑龙生存于侏罗纪
中期，这两种恐龙生活在不同时期，所以斑龙不可能以禽龙为食。

恐龙小档案

名称：斑龙、巨龙、巨齿龙
生活时代：侏罗纪中期
身长：7～10米
发现地点：英国牛津市

侏罗纪会飞的恐龙——奇翼龙
ZHULUOJI HUIFEI DE KONGLONG——QIYILONG

这类恐龙拥有独特的适应性特征,可能生活在树上,其成员还包括发现于中国内蒙古宁城的树息龙和耀龙。

◐ 僵硬的羽毛

这类恐龙与鸟类亲缘关系非常近。它们的相貌非常奇特,有着短粗的头,前肢很长。其僵硬的羽毛呈丝状,更接近原始羽毛,而不像其他似鸟恐龙和鸟类拥有的片状羽毛。

◑ 神奇的长骨

奇翼龙腕部的一根棒状长骨结构很特殊。类似结构从来没有在其他恐龙中发现过，但却在一些会飞的四足动物的腕部、肘部，或者踝部存在，比如蝙蝠、翼龙和鼯鼠等。在这些动物身上，这种骨骼结构都有利于飞行或者滑翔。

◑ 翼膜也能飞

恐龙小档案

名称:奇翼龙
生活时代:侏罗纪中期
身长:不详
发现地点:中国河北

在奇翼龙标本上，我们发现了残缺的翼膜。这说明，奇翼龙有着和鸟类及其恐龙近亲完全不同的翅膀，在恐龙身上，这个发现是第一例。这显示了从恐龙向鸟类演化的过程中，出现了一种非常奇特的翅膀。但这种翼膜并不能让奇翼龙具有很强的飞翔能力，它似乎只能在树木之间做短距离的飞翔，或者从高处滑翔到地面。

善于偷袭的阴谋者——单脊龙

SHANYU TOUXI DE YINMOUZHE——DANJILONG

单脊龙是肉食性恐龙,存在于侏罗纪中期的中国新疆。根据目前的唯一标本,单脊龙体重约 700 千克,高度约 2 米。

◗ 用来显摆的头冠

单脊龙的头顶上长着一个冠饰,覆盖着整个头颅,其作用很可能是求偶时用来吸引异性的。单脊龙的冠饰与其他恐龙的冠饰有明显的区别,它们是附着在头顶的骨质突起。

身材匀称

单脊龙身体结构匀称。后肢强壮有力,可以快速奔跑,前肢短小,但指爪锋利。另外,单脊龙的背部有可能长着一排棘刺。

发动突然袭击

单脊龙的骨骼不太强壮,加上并不太大的体形,很难捕食中型或大型植食性恐龙。它们轻盈灵活的头颈部和整齐的牙齿更适合捕食鱼类和小型恐龙。所以,人们推测它可能经常出现在水边,既可以捕鱼,又可以趁小型恐龙饮水时突然袭击。

恐龙小档案

名称:单脊龙、单棘龙、单嵴龙

生活时代:侏罗纪中期

身长:约5米

发现地点:中国新疆准噶尔盆地

中国的最早剑龙——华阳龙
ZHONGGUO DE ZUIZAO JIANLONG——HUAYANGLONG

华阳龙是剑龙类下目的植食性恐龙，体重1～4吨。人们对早期剑龙类的认识，实际上就是从我国四川出土的华阳龙开始的。

◐ 小个子的乐园

在侏罗纪中期，河流沿岸通常长满了矮小的蕨类植物，就像铺了一块绿色地毯。这里成了身材矮小的华阳龙的乐园——它们那细小的牙齿非常适于咀嚼那些矮小的蕨类植物。

◑ 组团御敌

不过，当华阳龙在享用美味佳肴时，往往也成了让气龙等捕食者垂涎三尺的美味。因而，它们一般群居，以此御敌，一般是三五只华阳龙组成一群，由一只雄性华阳龙担任首领。幼龙寸步不离地紧跟在父母身边，因为成年华阳龙身上自有对付天敌的武器，让那些虎视眈眈的捕食者不敢轻易下手。

◑ 制敌武器

在进化的过程中，华阳龙背部从脖子到尾巴中部进化出长长的、左右对称的两排三角形的骨板，肩上还各有一根棘刺，尾巴的末端长有4个接近40厘米的尖锐钉状脊。这样的装备，足够让来犯者胆战心惊了。

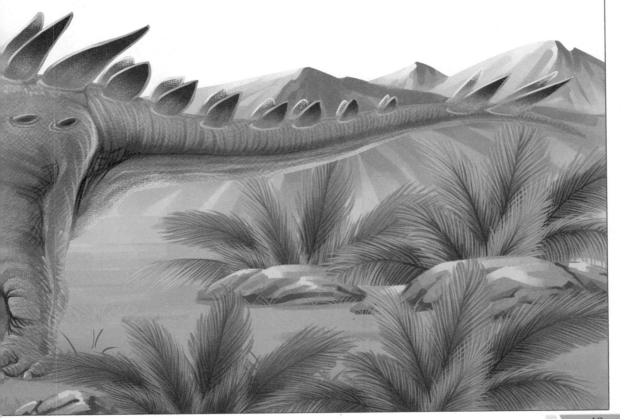

被意外发现的恐龙——气龙
BEI YIWAI FAXIAN DE KONGLONG——QILONG

气龙是一种活跃敏捷的中型肉食性恐龙，体重约 150 千克。1985 年，人们在中国四川省大山铺镇建设天然气设备时发现了它的化石，气龙因此得名。

◗ 强悍的装备

气龙的脑袋很大，却不重。它脖子短，尾巴长。前肢短小灵活，趾端有恐怖而尖锐的利爪，既可以不费吹灰之力就抓住小型猎物，又可以轻而易举地划破大型猎物坚韧的外皮。它有着强壮

有力的后肢，善于快速奔跑。气龙的牙齿又尖又扁，呈匕首状，前后边缘上还生有小锯齿。气龙的这些装备，让它成功地晋升为大山铺恐龙动物群中的霸主。

猜想当年

在一个阳光灿烂的下午，华阳龙缓慢地走在丛林中，寻找着柔软的松针。突然，一声巨吼响起，气龙一跃而起，张开血盆大口，露出匕首状的牙齿，挥动着带利爪的前肢，扑向毫无戒备的华阳龙。在这生死攸关的时刻，华阳龙也毫不示弱，它竖起了背上的骨板和尾巴上的两对锋利的钉状脊，一场殊死搏斗开始了……

恐龙小档案

名称：气龙
生活时代：侏罗纪中期
身长：3.5～4米
发现地点：中国四川

让人疑惑的名字——迷惑龙

RANG REN YIHUO DE MINGZI——MIHUOLONG

迷惑龙属于梁龙科,臀高约 4.5 米,体重至少有 27 吨,是当时陆地上最大的生物之一。

◑ 变来变去的名字

说起迷惑龙,你可能不知道,但要说起雷龙,这名字就如雷贯耳了吧。对,迷惑龙就是雷龙。1877 年,有人发现了一块非常大的恐龙胫骨,这令研究者十分迷惑,因此便有了"迷惑龙"一说。此后,又有研究人员发现了几块零碎的恐龙骨骼化石,以此推测这个恐龙体形巨大,行进时可能发出像雷声一般隆隆的动静,所以给它取名为雷龙。最后大家发现,这两种恐龙是同一种生物,依据命名的先后,就叫它"迷惑龙"了。

◑ 声势如雷

迷惑龙喜欢群居,它们成群结队地生活在平原与森林中。当一大群迷惑龙从远处走来

时，一定是尘土蔽日、响声如雷。迷惑龙有着粗粗的长脖子和尾巴，与梁龙很像，但它们的大腿比梁龙长，也更粗壮一些，后腿可以短时间地支撑身体站立。这一站，真可谓高耸入云。

◑ 脑子不够

迷惑龙的脖子很长，约 8 米；鞭子似的尾巴也有 9 米。这么一个庞然大物，却长着一个小小的脑袋，太不相称了！正因如此，它才给人们留下深刻的印象。它们吃食时总是狼吞虎咽，然后又吞一些鹅卵石帮助消化。

恐龙小档案

名称：迷惑龙、雷龙、阿普吐龙

生活时代：侏罗纪晚期

身长：21～23 米

发现地点：美国的科罗拉多州

让大地震颤的恐龙——哈氏梁龙
RANG DADI ZHENCHAN DE KONGLONG——HASHILIANGLONG

　　哈氏梁龙也叫地震龙，意为"使大地震动的蜥蜴"，是大型植食性恐龙之一，它是超大恐龙的代表，体重 31 ～ 40 吨。

◑ 小脑袋，长脖子

　　哈氏梁龙长着长长的脖子，小小的脑袋，以及一条细长但有力的尾巴。它的头和嘴都很小，嘴的前部有扁平的圆形牙齿，后部没有。地震龙的前腿比后腿短些。每只腿有 5 个趾。

◑ 囫囵吞"叶"

哈氏梁龙是植食性动物,它们吃东西时,会把树叶整个儿咽下去,一口也不嚼。

◑ 缺少爱心

哈氏梁龙成群活动,它们走路非常慢。而且,哈氏梁龙不做窝,它们一边走路一边生蛋,它们也不会照顾小恐龙。

◑ 制胜法宝

尾巴是哈氏梁龙的武器,可以用来攻击任何敌人;它庞大的身躯,也让一些肉食性恐龙不敢轻易攻击。

恐龙小档案

名称:地震龙、哈氏梁龙

生活时代:侏罗纪晚期

身长:32～36米

发现地点:美国新墨西哥州

长了两个脑子——马门溪龙
ZHANG LE LIANGGE NAOZI——MAMENXILONG

马门溪龙是中国发现的最大的恐龙,体重 20～30 吨。

◑ 长长的脖子

马门溪龙的脖子是目前被发现的所有恐龙中较长的,约 14 米,几乎占了身体的一半。为了支撑脖子的重量,从背部到头部的身体,几乎是被肌肉层层裹住的,因为只有这样,才能够保持它身体前后重量的平衡。

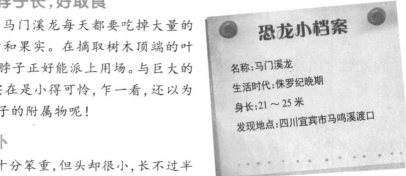

◐ 脖子长，好取食

马门溪龙每天都要吃掉大量的树叶和果实。在摘取树木顶端的叶片时，它那长长的脖子正好能派上用场。与巨大的身体相比，它的脑袋实在是小得可怜，乍一看，还以为这个小玩意儿只是脖子的附属物呢！

◐ 大脑不足后脑补

马门溪龙的躯体十分笨重，但头却很小，长不过半米。这么小的大脑要指挥全身的活动，的确令人费解。研究发现，在它骨盆的脊椎骨上，还有一个比脑子大的神经球，也可称"后脑"，起着中继站的作用，它与小小的大脑联合起来支配全身的运动。

恐龙小档案

名称：马门溪龙

生活时代：侏罗纪晚期

身长：21～25米

发现地点：四川宜宾市马鸣溪渡口

脖子很长身体像墙——腕龙
BOZI HENCHANG SHENTI XIANG QIANG——WANLONG

腕龙名字的原意是"头部像手腕的蜥蜴",是曾经生活在陆地上的最大的蜥脚类恐龙之一。

◐ 笨重的身体

腕龙的脖子很长,脑袋很小。它们的尾巴又短又粗,是地球上存在过的体重最重的恐龙,重达40吨。辛亏腕龙有相当粗壮的四肢来支撑这肥胖的身体,否则走路都困难,所以,它不像其他恐龙那样两脚撑地,而是四肢同时撑地。

◐ 大胃王

庞大的腕龙要不停地吃,才能保证不饿肚子。据估计,腕龙一天要吃掉1500千克的植物,是大象的10倍,因此,可以想象它那不大的嘴只有一天不停地吃,才能满足身体所需的能量。靠着长脖子,腕龙能摘取最高处的树叶;形状像勺子的锋利牙齿,可夹断嫩枝和嫩芽。

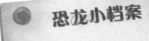

◑ 粗心妈妈

腕龙是群居动物。它们不做窝，边走边生蛋，所以，这些蛋宝宝排成了一条长长的线。粗心的妈妈也不照顾它们。

◑ 笨家伙的小聪明

水对腕龙来说太重要了，水中的藻类，岸边的丛林为它们提供了丰富的食物；同时，这个行动不便的大个子也可以常去水里待一待，借助水的浮力也能轻松一会儿；更重要的是，敌人一来，胆子小、速度慢的腕龙，马上跳进水里，只露出鼻孔，岸上的敌人只能望水兴叹。

恐龙小档案

名称：腕龙
生活时代：侏罗纪晚期
身长：约25米
发现地点：美国科罗拉多州西部的大峡谷

身背小叉子的恐龙——叉龙

SHEN BEI XIAO CHAZI DE KONGLONG——CHALONG

叉龙是一种小型的恐龙,体重 15 吨,是植食性恐龙。

◑ 背着小叉子走天下

叉龙的颈椎背侧长着一排的神经棘,梁龙的神经棘是直的,而叉龙的神经棘每一节都是 Y 形的,就像一把把小叉子一般,叉龙的名字也由此而来。

◐ 和平共处

　　因为叉龙的脖子比较短，所以矮小的植物以及有着尖锐叶片的针叶树都是它们喜欢的食物。叉龙的体形也不同于梁龙，虽然它与其他大型植食性恐龙生存于同一时期，但是因为它们各自以不同高度的植物为食，所以还算相安无事。

◐ 长尾神鞭

　　和脖子相比，叉龙粗壮的尾巴还算是比较长的。当它挥起这条巨大厚重的尾巴来抵御威胁的时候，即使是大型肉食性恐龙也会逃之夭夭。

恐龙小档案

名称：叉龙

生活时代：侏罗纪晚期

身长：12～13米

发现地点：非洲坦桑尼亚

让人望而生畏的恐龙——永川龙
RANG REN WANG'ERSHENGWEI DE KONGLONG——YONGCHUANLONG

永川龙生活在中国地区,是一种大型肉食性恐龙,因其标本首先在重庆永川发现而得名。

◑ 快速追杀

永川龙的前肢与后肢比起来略显短小。它的前肢很灵活,趾上长着又弯又尖的爪,用这对爪可以牢牢地抓住猎物。它的后肢又长

又粗，强壮有力，生有3趾，能3趾着地，快速奔跑，不费吹灰之力便能追捕到猎物。

◑ 恐怖的利齿

永川龙行动迅速，生性残暴。它有着如钢铁般的下颌，口中还有一排排如同锯齿般的利牙，就像一把把匕首，其咬合力巨大，可以轻松地把猎物的骨头咬碎。

◑ 冷酷的杀手

作为一种大型的肉食性动物，永川龙可能与今天的虎豹一样，性格孤僻，喜欢单独活动。一些性情温和的植食性恐龙常常是永川龙猎捕的对象，一旦被永川龙盯上，就很难摆脱。永川龙的尾巴几乎占据了身体的一半，在捕猎时甚至可以用尾巴将猎物抽打致昏，真是一种让人望而生畏的恐龙啊！

神秘短角在鼻子上——角鼻龙
SHENMI DUANJIAO ZAI BIZI SHANG——JIAOBILONG

　　凶残的肉食性恐龙——角鼻龙，从外形上看，与其他的肉食性恐龙没有太大区别，但它们的鼻子上方生有一只短角，两眼前方也有类似短角的突起。

◑ 打架还是炫耀

　　角鼻龙最大的特征就是鼻子上的短角，双眼之间还长有一对突起，角鼻龙也因此而得名。有的古生物学家认为，这只角是用来防卫或者搏斗的，可这只角看起来并不大，似乎无法用于打斗。另外一些古生物学家则猜测，这只角只是一个装饰，雄性角鼻龙之间可能会根

据角的大小来决定地位，谁的角最大，谁就成为群体的领导者。

可怕的牙齿

角鼻龙的大嘴中长满了短刃一般的牙齿，并拥有十分强大的咬合力。强壮的后肢赋予了它们极强的奔跑能力，短而有力的前肢则是它们的捕食利器。角鼻龙的尾巴较长且扁平，与现在的鳄鱼尾巴很相似，因此有人说它的游泳本领可能很强；但也有科学家反对，因为大部分肉食性恐龙不喜欢在水中生活，它们更喜欢干燥的陆地。

组团打猎

尽管角鼻龙的个头并不算太小，但在侏罗纪那个"巨龙时代"，它的体形并没有多大优势。在这种情况下，角鼻龙一般都结伴猎食。当一群角鼻龙看到猎物时，它们会迅速地冲上去，把那些中小型植食性恐龙解决掉。

恐龙小档案

名称：角鼻龙、角冠龙

生活时代：侏罗纪晚期

身长：4.5～8米

发现地点：美国犹他州

迷你"小个子"——美颌龙
MINI XIAO GEZI——MEIHELONG

美颌龙是典型的肉食性恐龙,生活在欧洲,体重3.5千克。

◐ 名不副实

美颌龙的名字虽然听起来很美,但它可是一种凶猛的肉食性恐龙!如果给一只没有羽毛的秃鸡加一条长尾巴,再在它的口中添上牙齿,把翅膀的前端改成细小的趾爪,就变成美颌龙的模样了。

◐ 穷追不舍的精神

美颌龙是小鸟龙的近亲，身体更小，除去长长的尾巴，身体不过母鸡般大小，不会对任何恐龙构成威胁，但对付更小的哺乳动物、小蜥蜴和昆虫却是绰绰有余的。它还有一种穷追不舍的精神——当猎物逃往树上避难时，它也会跟着爬到树上去。

◐ 身手敏捷

美颌龙奔跑时能够较好地保持平衡。细短的前腿上有三个趾，全部长着如同钩子一样的爪，能够牢牢地抓住猎物，也便于进攻。它的后肢很长，有些像鸟脚，骨骼纤细，身体的重量很轻，行动迅速敏捷。

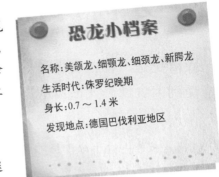

恐龙小档案

名称：美颌龙、细颚龙、细颈龙、新腭龙

生活时代：侏罗纪晚期

身长：0.7～1.4米

发现地点：德国巴伐利亚地区

牙齿奇怪的恐龙——橡树龙
YACHI QIGUAI DE KONGLONG——XIANGSHULONG

橡树龙是一种植食性恐龙，有可能是群居的。像鹿一样，它也是奔跑能手，当遭受到肉食性恐龙的威胁时，它都能以最快的速度逃离。

◑ 橡树叶似的牙齿

橡树龙长着一口十分奇怪的牙齿，形状很像橡树的叶子，这可能也是它为什么会被叫作橡树龙的原因吧！

◑ 长的就是这个样儿

橡树龙拥有长长的颈部，修长的后肢，硬挺的长尾巴。它的嘴类似鸟喙，没有牙齿，但有锋利的颊牙，可以很容易地把食物磨碎。它的眼睛很大，视力较好，这有利于它发现食物以及前来进犯的天敌。橡树龙前肢较短，足上长有5个趾，可以灵活地摘取树叶和嫩茎。

① 敌人来了我就跑

橡树龙的后腿比前腿要长许多，所以奔跑对橡树龙来说根本就不是问题，这让它能很快地逃离捕食者。而那条质地坚硬、修长的尾巴，还可以用来保持身体的平衡。实在逃脱不掉时，它们也会奋起反抗，最强有力的武器就是它们健壮的后腿和尾巴。

① 敌人来了大个子挡

橡树龙在树林里过着群居的生活，性格温顺得很。古生物学家推测，它们经常尾随大型蜥脚类恐龙群，以获取从高处掉下的新鲜树叶。在遇到大型肉食性恐龙而无力反抗时，橡树龙还可以躲到蜥脚类恐龙身旁，寻求庇护。

恐龙小档案

名称：橡树龙、磔齿龙、橄龙、树龙

生活时代：侏罗纪晚期

身长：2.4～4.3 米

发现地点：美国的科罗拉多州、犹他州、怀俄明州

空心脊椎骨——圆顶龙
KONGXIN JIZHUIGU——YUANDINGLONG

在所有身躯硕大的恐龙中，圆顶龙是最为人所熟知的恐龙，因为人们已发掘了许多这种恐龙的比较完整的化石。

◐ 一致对外

圆顶龙喜欢过群居的生活，如果遭遇肉食性恐龙的攻击，它们会团结起来依靠巨大的身体予以回击。它们不做窝，而是一边走路一边生产，生出的恐龙蛋形成一条线，可见它们还不懂得怎么照顾小宝宝。

牙齿坏了,再长

　　体形硕大的圆顶龙和其他恐龙相比,脖子和尾巴显得比较粗壮,头部很小。它那粗大的勺形牙齿经常吃一些质地粗糙的食物,如果牙齿磨坏了,还可以长出新牙来。由于颈部不灵活,它只能吃那些长得不高的植物,而且还要借助吞咽胃石来碾碎食物。

空心骨头

　　圆顶龙的每节脊椎骨里都有一个很大的勺状空腔,所以它的脊椎骨比较轻,这大大减轻了它的体重。它的腿像树干那样粗壮,可以稳稳地支撑起它巨大的身体。

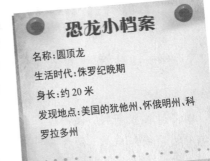

恐龙小档案

名称:圆顶龙

生活时代:侏罗纪晚期

身长:约20米

发现地点:美国的犹他州、怀俄明州、科罗拉多州

高智商的恐龙——异特龙
GAO ZHISHANG DE KONGLONG——YITELONG

异特龙是种典型的大型兽脚类恐龙,最长可达 12.1 米,体重 1.5 ～ 4 吨。

奇特的长相

异特龙长相奇特,头部很大,头骨上有大型洞孔,可以减轻它的重量。而且,还是由几个分开的骨头组成的,骨头之间有可以活动的关节。嘴里有 70 颗又大又尖又弯曲的牙齿。眼睛上方长有角冠。

草原杀手

异特龙的大脑较大,被认为是智商较高的肉食性恐龙,和剑龙形成鲜明的对比。异特龙在侏罗纪晚期是北美草原上最凶猛的杀手,其他的植食性恐龙基本都是它的

捕食对象。由于它们的化石被大量发现，知名度也变得非常之高，和霸王龙不相上下。

◑ 装备精良

就体形而言，异特龙并不是肉食性恐龙中最大的，但它拥有更适于猎杀的身体结构。首先，它的前肢非常粗壮尖利，可以毫不费力地撕开猎物；其次，高大粗壮的后肢能有力地支撑起全身的重量，使它的行动更为敏捷；最后，粗大的尾巴还可以当作鞭子，横扫任何进犯的敌人。

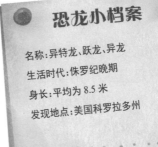

恐龙小档案

名称：异特龙、跃龙、异龙
生活时代：侏罗纪晚期
身长：平均为 8.5 米
发现地点：美国科罗拉多州

传说中的盗鸟贼——嗜鸟龙

CHUANSHUO ZHONG DE DAONIAO ZEI——SHINIAOLONG

嗜鸟龙又名鸟窃龙，意为"盗鸟的贼"，早先人们以为它们是盗鸟的贼，但始终证据不足，因为嗜鸟龙生存的年代还没有鸟类。嗜鸟龙的奔跑速度快，可能具备捕获始祖鸟的能力，因此被命名为"嗜鸟龙"。

◐ 身体灵活好猎手

嗜鸟龙是一种小型肉食性恐龙，身体还不及一只山羊大。它的体重很轻，前肢短而灵活，有很好

的抓握能力；后肢长且强壮，能够快速追捕猎物，也能够摆脱大型肉食性恐龙的追击。嗜鸟龙嘴巴前面的牙齿又长又尖，像一把把短剑，很适合咬食猎物。其鞭子般的尾巴占了身长的一半以上，在追赶猎物时可以起平衡作用。

恐龙小档案

名称：嗜鸟龙、鸟窃龙
生活时代：侏罗纪晚期
身长：约2米
发现地点：美国怀俄明州

◑ 视力超常猎物多

嗜鸟龙纤小的体形使它只能捕食一些小型哺乳动物和小型爬行动物。有时，它也会以其他种类的恐龙蛋为食。嗜鸟龙拥有超常的视力，能够轻易地发现躲藏在植物或岩石下面的小动物。一旦这些倒霉蛋被捉住，嗜鸟龙便会十分迅速地用锋利而弯曲的牙齿收拾掉它们。

恐龙界第一"剑客"——沱江龙
KONGLONG JIE DI-YI JIANKE——TUOJIANGLONG

在恐龙世界里,谁是最强的"剑客"?答案是威风凛凛的剑龙。那在剑龙家族里最强的又是谁呢?恐怕这"第一剑客"的头衔非沱江龙莫属了。它身上至少有 15 对剑板,是目前已知剑板最多的恐龙。

◐ 吃草的恐龙

沱江龙是植食性恐龙。脑袋小而扁。嘴的前半部分没有牙齿,后半部分有一些小的颊齿。颊齿呈棱形,小而突起,很适合咬叶子。丰满的双颊可以防止食物边吃边掉。

◑ 石头助消化

沱江龙的牙齿不能充分地咀嚼那些粗糙的食物，因此它们可能还要吞下一些石块，这些石块可以在胃中帮助它们将食物磨碎。

◑ 特别装备

沱江龙从脖子、背脊到尾部，总共长着至少 15 对三角形的背板，比剑龙的背板还要尖利。尾巴末端也有 4 根骨刺，由于它行动迟缓，也不太聪明，当敌人来袭的时候，它只能原地不动，然后用尾巴猛抽敌人。所以，这 4 根刺也许是它御敌的特别武器。

恐龙小档案

名称：沱江龙

生活时代：侏罗纪晚期

身长：约 7 米

发现地点：中国四川省自贡市

"铠甲护卫"——钉状龙

KAIJIA HUWEI——DINGZHUANGLONG

钉状龙是剑龙的一种，它们被发现于东非。

◗ 夹缝里求生存

钉状龙属于体形较小的植食性恐龙，它经常吃低矮的灌木，不过这也是没办法的事，别的植食性恐龙长得太大了，它根本就抢不过这些大家伙。但是，聪明的钉状龙很会寻找食物，即使是干旱的季节，它也总能找到植物。

◑ 铠甲护卫

钉状龙的背上长着两种不同的"刺"：颈部至背部是狭长的骨板，背部至尾端是钉子一样纵向生长的棘刺。这些骨板和棘刺是分成两列对称分布的，这种板与刺的结合方式是最有效的防御手段。

◑ 恰如其分的名字

钉状龙尾巴上的棘刺很坚硬，如果打在敌人身上，恐怕也是致命的。

恐龙小档案

名称：钉状龙、肯氏龙
生活时代：侏罗纪晚期
身长：约5米
发现地点：坦桑尼亚

在树上生活的恐龙——树息龙

ZAI SHUSHANG SHENGHUO DE KONGLONG——SHUXILONG

关于树息龙的生存年代还有争议,但大多数人认为是侏罗纪晚期。它的个头很小,如果不考虑尾巴,树息龙只有麻雀大小。

◑ 树栖生活

树息龙是第一种完全或半栖息于树上的恐龙。它的颌部圆而宽,下颌有至少12颗牙齿,前面的牙齿较大,后面的牙齿较小。它的尾巴相当长,是股骨长度的6倍,末端有扇形羽毛。

◑ 长长的第三趾

　　树息龙最奇特的地方是，它爪子的第三趾远远长于其他两趾，与已知的任何恐龙和鸟类都不同，倒是与指猴很像。尽管我们不知道树息龙的爪子还有什么其他功能，但毫无疑问，这种爪子肯定适合在树上生活。

恐龙小档案

名称：树息龙
生活时代：侏罗纪晚期
身长：约10厘米
发现地点：中国辽宁

"冷血杀手"——蛮龙
LENGXUE SHASHOU——MANLONG

蛮龙是著名的斑龙的亲戚,是侏罗纪实力较强、体形较大的肉食性恐龙之一。

◐ 第一号杀手

蛮龙被认为是侏罗纪晚期到白垩纪早期恐龙界的第一号"冷血杀手",是侏罗纪的霸主和王者。

◑ 速度!速度!

蛮龙巨大的体形并没有影响它捕猎时的速度,它的腿骨相当粗

壮而且很长，可以迅猛地追上并扑倒猎物，速度甚至可以赶超异特龙。

◑ 一口致命

蛮龙的咬合力惊人，可达 15 吨，一口下去就能让对手毙命。蛮龙的牙齿呈刀锋状，长 10 余厘米，这样的一口牙齿既可以给敌人放血，也可以轻松咬碎骨头。

◑ 一"爪"致敌

蛮龙拥有强壮发达的前肢，还长着个 40 厘米长的巨大的尖爪。强壮的前肢可以将猎物死死抓住，猎物企图逃脱时，蛮龙可将第一趾和第二趾的尖爪刺入猎物的身体，固定住挣扎的猎物。然后，蛮龙便可轻松享用美餐了。

恐龙小档案

名称：蛮龙、蛮王龙、野蛮龙、侏罗纪的暴龙

生活时代：侏罗纪晚期至白垩纪早期

身长：11 ~ 13.5 米

发现地点：美国、葡萄牙、南非、坦桑尼亚、中国

引人注目的恐龙——五彩冠龙

YINREN ZHUMU DE KONGLONG——WUCAI GUANLONG

　　五彩冠龙是暴龙超科下的一种恐龙，是已知最早的暴龙类恐龙。目前一共发现两具五彩冠龙化石，据科学家估测，它们一具12岁，一具年仅6岁，在1.6亿年前的某一天，不幸地死在了同一个地方。

◖ 华而不实的头冠

　　五彩冠龙是双足肉食性恐龙。它最引人注目的特征是长着一个大大的脊冠，很容易让人联想到公鸡的鸡冠。也许就像孔雀的尾巴一样，都是用来吸引伴侣或炫耀地位的装饰品而已。

◑ 同类中的"小个子"

五彩冠龙生活在距今 1.6 亿年前的侏罗纪晚期，同其他的原始暴龙类恐龙一样，冠龙的体形也不大，身高不到 1 米，和我们印象中白垩纪时期可怕的暴龙完全不能相比。但它的形貌却与暴龙非常相似，同样拥有强壮的后肢、类似鸟一般的头部和锋利的牙齿，这表明它是一种凶猛的肉食性恐龙。另外，五彩冠龙可能与白垩纪的帝龙一样，前肢长有绒毛状的羽毛。

恐龙小档案

名称：五彩冠龙

生活时代：侏罗纪晚期

身长：约 3 米

发现地点：中国新疆准噶尔盆地

脖子最长的恐龙——梁龙
BOZI ZUICHANG DE KONGLONG——LIANGLONG

梁龙是最容易辨识的恐龙,有着巨大的体形、长颈、长尾巴,及强壮的四肢,很多年前它都被认为是最长的恐龙。它的体形足以吓住同一时代的异特龙及角鼻龙等猎食动物。

◑ 长脖子,吃得多

梁龙仅脖子就长达 7.5 米,几乎有三层楼那么高,是世界上脖子最长的恐龙。因为脖子太长,梁龙没法把头抬得很高,但在吃那些低矮植物时,它不需要移动身体就能吃得更多。

神鞭大尾

梁龙的尾巴由 70 多块骨头构成，一旦有其他大型肉食性恐龙接近时，它就挥动鞭子一样的尾巴抽打来犯者。如果被梁龙的尾巴打中，对方将遭到严重伤害甚至毙命。

一起玩水吧

梁龙喜欢成群地在水边生活，它们可以借助水的浮力来支撑自己长长的脖子。它们的鼻孔长在头顶，所以在水中散步或是嬉戏的时候，只要把头伸出水面就可以轻松地呼吸了。

恐龙小档案

名称：梁龙

生活时代：侏罗纪晚期

身长：约 25 米

发现地点：美国怀俄明州

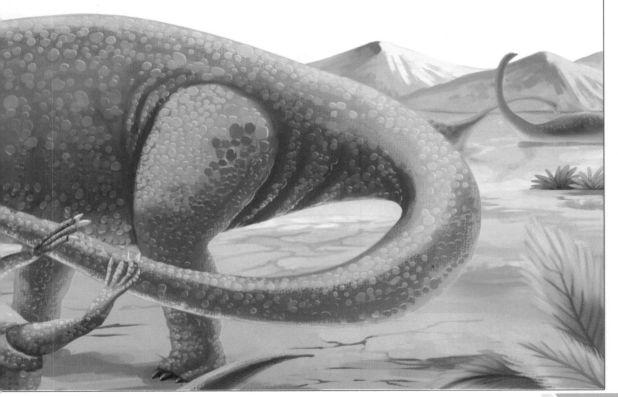

弯腰驼背的恐龙——弯龙

WANYAO TUOBEI DE KONGLONG——WANLONG

弯龙的名字原意为"可弯曲的背"，是一种植食性恐龙。弯龙体形庞大，重约1吨。

◑ 慢慢地走

这种恐龙属于早期恐龙中的一种，头骨小，前肢短，后肢长，可四足行走。由于身体笨重，它可能

行动迟缓，大部分时间都四肢着地，吃长在低处的植物，但也能用后腿直立，吃长在高处的植物或躲避天敌。

◑ 灵活的嘴

弯龙的嘴巴宽大，末端又很尖，有点像鹦鹉嘴；没有门齿，只能用口腔内部的牙齿来咀嚼食物。从牙齿的磨损情况来看，它们应该是以坚硬的植物为食，如苏铁。

◑ 迅速地跑

弯龙的后腿肌肉发达，估计它的奔跑能力应该比较出色，速度慢的肉食恐龙要吃到它们的肉可能会比较困难吧！

◑ 钉子一样的爪

弯龙的足部有五趾，前三根有爪，爪呈钉状结构，那就是弯龙的防御武器。

恐龙小档案

名称：弯龙

生活时代：侏罗纪晚期至白垩纪初期

身长：5～7米

发现地点：美国怀俄明州

大眼睛恐龙——快达龙
DA YANJING KONGLONG——KUAIDALONG

快达龙是一种植食性恐龙,它的体形相当于小型灰袋鼠的大小,高约1米。

◐ **黑夜难不倒大大的眼睛**

快达龙生存在1亿多年前的澳大利亚,当时的澳大利亚位于南极圈内,平均气温为-6℃～3℃。快达龙是

恒温动物,可以控制体温。它们有很大的眼睛,在极夜的时候还能维持一定的视力。

◐ 跑得很快

快达龙的前肢很短,但后肢较长,可见它的奔跑速度应该很快。快达龙的后肢有四个脚趾,趾爪都能接触地面,而它的长尾巴可协助它灵活地转向。

◐ 敌人来了就跑

快达龙可能用前肢来抓蕨类或其他植物吃,发现掠食者后能像羚羊一般迅速奔跑,逃避天敌的追捕。它可能还长着一些保护色或斑点。

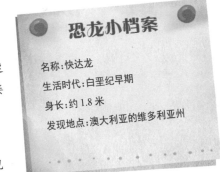

恐龙小档案

名称:快达龙
生活时代:白垩纪早期
身长:约1.8米
发现地点:澳大利亚的维多利亚州

最早被发现的恐龙——禽龙
ZUIZAO BEI FAXIAN DE KONGLONG——QINLONG

禽龙是世界上最早被发现的恐龙。1822年，一对夫妻发现了它的牙齿化石。后来，人们对它进行了研究，又有更多类似的化石被发现，于是，大家才知道世界上曾经存在过一种古老的爬行动物，并给这种动物取名叫"恐龙"。

餐桌"绅士"

禽龙是大型植食性动物，高4～5米。它的头颅很大，长有喙，嘴巴的前部没有牙齿，后边有锯齿似的牙齿。特殊的牙齿使禽龙每天都要花大把的时

间吃东西，还要花更多的时间来细嚼慢咽。和其他恐龙相比，它可是个不折不扣的餐桌"绅士"呢！

跑！跑！跑！

禽龙的性格十分温顺，用四肢行走，但在奔跑时，两条腿跑得远比四条腿快。在寻找树上的食物时，它们偶尔也会抬起前肢，用后肢站立。

钉子一样的拇指

恐龙小档案

名称：禽龙
生活时代：侏罗纪和白垩纪
身长：约10米
发现地点：英国南部的苏塞克斯郡

在激烈的环境中，植食性恐龙没有看家本领是不行的。禽龙的御敌武器在爪子上，它们的前肢灵活有力，十趾锋利，尤其是大拇指，上面长着一枚像钉子一样的爪。这个大拇指是禽龙的贴身武器。有时候，禽龙也会用大拇指剥开水果和种子，吃到其中美味的果肉。

长着鬃毛的恐龙——阿马加龙
ZHANG ZHE ZONGMAO DE KONGLONG——AMAJIALONG

阿马加龙是四足植食性恐龙,头部又长又扁,颈部较长。

◑ 长长的棘刺分两排

阿马加龙最大的特征,便是背部长着两排名叫"神经棘"的棘刺,棘刺是从头部到背部的背骨中长出来的。由于它细而易损,看来不宜用于防御。

长棘有何用

有人说阿马加龙背上的两排长棘，是用来迷惑肉食性恐龙的，让肉食性恐龙误以为阿马加龙的个子很大，不适合捕杀。也有一种说法认为，在各神经棘之间有皮膜似的"帆"，"帆"中有血管，可以起到散热或保暖的作用。

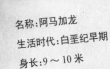

恐龙小档案

名称：阿马加龙

生活时代：白垩纪早期

身长：9～10米

发现地点：阿根廷阿马加河流域

慢慢腾腾的恐龙——慢龙
MANMANTENGTENG DE KONGLONG——MANLONG

慢龙在拉丁文中是缓慢和懒的意思,生活在大约8300万年前。上肢短小,生有三趾,趾上有爪。

 分类之谜

一直以来,古生物学家都认为慢龙是一种兽脚类恐龙。但随着研究的不断深入,他们却对这种恐龙感到越来越疑惑,尤其是慢龙骨盆化石的出土,更让他们对慢龙的分类产生了疑问。

食物之谜

关于慢龙吃什么,科学家们的看法不太一样。一种观点认为,慢龙以蚁为食,它有力的前肢和长长的爪子可以轻易地挖开蚁巢取食,类似于现今南美的大食蚁兽;另一种观点认为,慢龙在水中捕食,因为人们曾在慢龙化石附近发现一串带蹼的四趾脚印,人们认为这可能是慢龙留下的,若慢龙脚长蹼说明它会游泳。

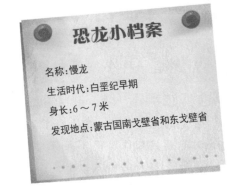

恐龙小档案

名称:慢龙

生活时代:白垩纪早期

身长:6～7米

发现地点:蒙古国南戈壁省和东戈壁省

慢慢地走

慢龙的大腿比小腿长,足部短宽,不能像其他兽类那样快速奔跑和捕食活的动物,只能轻快地行走,最多能慢跑,平常都是懒洋洋地缓慢踱步。

长有羽毛的恐龙——帝龙

ZHANG YOU YUMAO DE KONGLONG——DILONG

帝龙是一种小型恐龙，生活在约 1.3 亿年前。

◑ 这种绒毛不一样

　　帝龙的体形较小，身上还长有绒毛，但是跟鸟类的羽毛不同，它的中间没有羽轴，看来它的羽毛是用来保暖而不是飞行的。在另一个成年帝龙的化石上，人们发现它的皮肤上长着一般恐龙都有的鳞片，科学家推测，它们可能在幼龙时长着绒毛，但长大后会脱落，因为成年后它们就不需要绒毛来保暖了。

◑ 霸王龙的祖先

帝龙的发现，证明了霸王龙类的祖先是小型恐龙，后来才慢慢演化为巨大的霸王龙。后来的霸王龙，随着体形的增大，绒毛也逐渐消失了。帝龙长着羽毛的事实再一次证明了兽脚类恐龙和鸟类有着共同的祖先。

◑ 完整的头骨

2004年，古生物学家徐星和同伴们在中国辽宁省北票市的义县组陆家屯发现了帝龙的化石。这具帝龙化石保存极好，头骨基本是完整的，这很难得，因为恐龙的头骨骨骼相当薄，很难完整地保存下来。

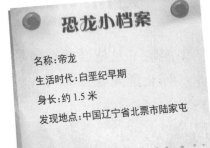

恐龙小档案

名称：帝龙

生活时代：白垩纪早期

身长：约1.5米

发现地点：中国辽宁省北票市陆家屯

美丽的暴君——华丽羽王龙

MEILI DE BAOJUN——HUALIYUWANG LONG

华丽羽王龙是暴龙超科恐龙的一种，体重大约 1.4 吨，比之前已知的带羽毛恐龙意外北票龙要重 31 倍。因此，羽王龙当之无愧地成为已知体形最大的带羽毛恐龙。

◑ 精美的羽毛

正如它的名字一样，华丽羽王龙长着美丽的羽毛。过去，科学家们认为，只有小型恐龙才可能长有羽毛。而华丽羽王龙的发现，说明羽毛并非只长在体形小的恐龙身上。

◑ 长上羽毛不怕冷

为何华丽羽王龙会有羽毛？据科学家推测，当时的辽西地区气候可能与现在相似。在寒冷的冬季，羽毛能够帮助华丽羽王龙减少热量的散失。

恐龙小档案

名称：华丽羽王龙、华丽羽暴龙

生活时代：白垩纪早期

身长：约9米

发现地点：中国辽宁西部

保存完好的化石——葬火龙

BAOCUN WANHAO DE HUASHI——ZANGHUOLONG

葬火龙是杂食性恐龙,体重约 75 千克。葬火龙与窃蛋龙长得很像,经常被误认为是一种恐龙,其实,葬火龙与窃蛋龙同属偷蛋龙科,但是是两种不同的恐龙。

◐ 没有牙齿一样吃

葬火龙的头骨很短,有很多洞孔,喙坚硬,没有牙齿。有些科学家认为,这种头部构造适合吃贝类,这些恐龙应该像鸭子一样在湖泊中游泳觅食。另一些科学家则认为,葬火龙吃树叶,捕

食小动物。

 把蛋宝宝排成圈

葬火龙会把蛋排成一圈，在很长的一段时间内，葬火龙妈妈也许会每天产下两枚恐龙蛋。人们在尚未孵化的葬火龙蛋化石里发现了一些胚胎，如果不是发生了某种意外，这些恐龙宝宝本该在不久后出生的。

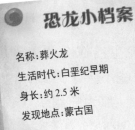

恐龙小档案

名称：葬火龙

生活时代：白垩纪早期

身长：约2.5米

发现地点：蒙古国

穿着厚盔甲的恐龙——楯甲龙
CHUANZHE HOU KUIJIA DE KONGLONG——DUNJIALONG

楯甲龙生活在今北美洲地区，是一种性情温和的植食性恐龙。楯甲龙的体形较大，可能不善于奔跑，不过它们的颈部长满可怕的棘刺，背部和尾巴覆盖着厚厚的甲片，都为它提供了保护。

◑ 行动缓慢的大块头

楯甲龙块头很大，用四肢爬行，行动起来有些缓慢，它们通常以蔷薇、葡萄、木莲等植物为食。

◑ 喜欢水边吗

楯甲龙属于甲龙中尾部没有棍状物的结节龙类恐龙，这类恐龙与后期的甲龙相比，体形相对较小，人们推断它们可能在水边生活。

◑ 蜷成一个刺球

楯甲龙全身都被坚硬的骨板覆盖，仿佛身穿厚厚的盔甲一般，而且这种恐龙从头到尾都长有骨质突起，在两侧还有突出的骨刺。在遇到天敌时，它会立即蜷起身体，使骨甲朝外，好像一个刺球。那些想靠近楯甲龙的肉食性恐龙都不得不多加小心，因为搞不好还没有捕到猎物，自己就已经遍体鳞伤了。

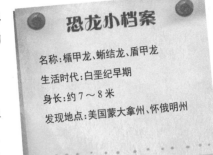

恐龙小档案

名称：楯甲龙、蜥结龙、盾甲龙

生活时代：白垩纪早期

身长：约7～8米

发现地点：美国蒙大拿州、怀俄明州

最可爱的恐龙——鹦鹉嘴龙
ZUI KE'AI DE KONGLONG——YINGWUZUILONG

说到最可爱的恐龙，鹦鹉嘴龙无疑是最佳候选者。它看起来憨态可掬又聪明伶俐。

◐ 鹦鹉似的嘴巴

鹦鹉嘴龙最大的特征就在于它的嘴。这张嘴与原角龙、三角龙等恐龙的嘴是类似的，前端呈钩子状，酷似鹦鹉的嘴，鹦鹉嘴龙也因此而得名。

🌓 吞石头，助消化

鹦鹉嘴龙是一种小型的植食性恐龙，通常以树叶、树根以及果实为食。但鹦鹉嘴龙不像晚期的角龙类那样长有适于咀嚼或磨碎植物的牙齿，所以需要靠吞食胃石来协助磨碎食物，这些胃石可能储藏于砂囊中，如同现代鸟类。

🌓 照顾小宝宝

鹦鹉嘴龙的动作十分迅速。它们天性温顺，喜欢群居，会照顾小宝宝。

恐龙小档案

名称：鹦鹉嘴龙、鹦鹉龙
生活时代：白垩纪早期
身长：约2米
发现地点：中国内蒙古

又大又笨的恐龙——腱龙
YOUDA YOUBEN DE KONGLONG——JIANLONG

腱龙是种大型恐龙,活跃于白垩纪早期的北美洲,是一种非常原始的禽龙类恐龙。

◑ 不能嚼,那就磨

腱龙是一种温顺的植食性恐龙,长着一个鹦鹉状的嘴,嘴的前部没有牙齿,牙齿长在钩状嘴的四周,它们可以用这种牙齿将树叶磨碎。

◐ "一尾神鞭"

　　腱龙身体庞大，四肢粗壮，是一种又大又笨的恐龙。前肢各有五趾，后肢各有四趾。它们的尾巴长长的，特别粗。它们的必杀绝技是用巨尾当鞭横扫敌人。作为植食性恐龙，腱龙的敌人太多，强壮的身体和粗大的尾巴成为它们的护身符。虽然腱龙的身体庞大，但因缺乏自卫能力，常常会遭到比它们小得多的恐爪龙的攻击，成为猎物。

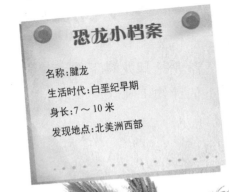

恐龙小档案

名称：腱龙

生活时代：白垩纪早期

身长：7～10米

发现地点：北美洲西部

令人激动的恐龙——激龙
LINGREN JIDONG DE KONGLONG——JILONG

激龙是棘龙科下的一种恐龙，是一种大型的肉食性恐龙，背部高度为 3 米，体重估计约 1 吨。

◑ 令人激动又烦恼

激龙的化石是古生物学家从商人手中买来的，花了很多时间与金钱才重建出它的原貌，修补过程令人激动而又烦恼，从而将其命名"激龙"。

激龙的头骨保存得相当完整,修补后只缺少后脑勺和嘴部的一点点组织,几乎完整,是现存最完整的棘龙科头骨。

身体结构

激龙的口鼻部扁而长,从口鼻部延伸至头顶。激龙的牙齿直而长,呈圆锥状,牙齿长6～40厘米不等。与棘龙科其他恐龙相比,激龙的两对颞颥孔缩小了很多,上颌牙齿也较少。

生活习性

激龙生存于海岸沿线,可能以水生与陆生动物为食,也可能以腐肉为食。它的鼻孔位于头部上方,因此推测它应该可以将头浸在水面下捕食鱼类。

恐龙小档案

名称:激龙

生活时代:白垩纪

身长:6～8米

发现地点:巴西

中国的鸟蜥蜴——中国鸟龙

ZHONGGUO DE NIAOXIYI——ZHONGGUONIAOLONG

中国鸟龙是一种小型肉食性恐龙,也是被发现的第五种有羽毛的恐龙,是有羽毛恐龙中最接近鸟类的一种。

◑ 长羽毛的恐龙

在中国鸟龙化石周围的岩层都发现了早期羽毛的痕迹。这些早期羽毛由丝状物构成,并具有两个特征:第一,数个丝状物聚合成一丛,类似羽毛的结构;第二,一排羽毛聚合成一个羽轴,类似正常鸟类的羽毛结构。然而,中国

鸟龙的羽毛与现代鸟类羽毛还是有所区别的。尽管中国鸟龙不能飞翔,但它的前肢结构已经发生了一系列变化,具备滑翔的能力。

◑ 有毒牙的恐龙

　　研究人员推论,中国鸟龙已进化出有毒腺体与长牙,它能像今天的毒蛇那样,将毒牙中的毒液注入猎物体内,虽然不能使猎物致死,但可以起到麻醉的作用,让它能好好地美餐一顿。人们推测,中国鸟龙的嘴部前端有微向前倾的、又短又尖的牙齿,是用来剥去鸟类羽毛的。

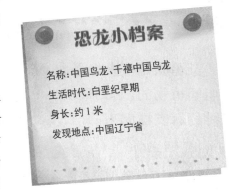

恐龙小档案

名称:中国鸟龙、千禧中国鸟龙

生活时代:白垩纪早期

身长:约1米

发现地点:中国辽宁省

勇敢的爬行动物——豪勇龙
YONGGAN DE PAXING DONGWU——HAOYONGLONG

豪勇龙是植食性恐龙，它们嘴部前方没有牙齿，但两侧长着许多牙齿，是用来咀嚼植物的。它们最明显的特征，是背部的大型帆状物，那是由又厚又长的脊椎神经棘支撑起来的，长度约50厘米，并横跨整个背部与尾巴。

◗ 两条腿蹦蹦，四条腿走走

豪勇龙有两辆小轿车那么长，像今天的袋鼠一样，可以用两条腿或四条腿走路。它们的后肢强壮有力，可以支撑身体。当它们需要休息时，它们能向前倾斜而用四肢着地。

◑ "扬帆"前行

豪勇龙生存的年代，夜间寒冷，白天则又干又热。它们的"帆"大概可以帮助它保持体温的稳定：经过寒冷的夜晚，早晨聚集热量，中午发散热量。也有人说，这些"帆"是用来储藏脂肪或水的，像骆驼一样；也有可能是威吓作用，因为那高高扬起的"帆"使豪勇龙看起来很大，起到虚张声势的作用。

◑ 匕首般的爪子

豪勇龙的每只足上都有一个长长的爪。当它们在蕨类植物的枝叶中觅食的时候，肉食性恐龙也许在埋伏等待。这时爪子就是最有用的武器，它能像匕首一样刺伤进攻者。

恐龙小档案

名称：豪勇龙、无畏龙、天堂龙
生活时代：白垩纪早期
身长：7米
发现地点：尼日尔

喜欢吃鱼的恐龙——重爪龙
XIHUAN CHIYU DE KONGLONG——ZHONGZHAOLONG

重爪龙的名字原意为"坚实的利爪",是棘龙科恐龙的一属。1983年,一位业余收藏者挖到了一个尖端如短剑的大爪子,吓了一大跳——它太长了,超过了30厘米!这个镰刀一般的爪子就是重爪龙的爪子。

◑ 鱼之杀手

重爪龙的爪强壮而有力,看起来就像一种用双脚行走的鳄鱼。头部扁长,口中长满细齿。它的身体结构几乎就是为捕食鱼类而设计的。

静静守候

科学家对重爪龙捕食鱼类的方式有两种猜测。一种认为重爪龙会站在岸边一动不动，将细长的嘴伸到靠近水面的地方，然后静静地等待，当有鱼类靠近时，重爪龙会发起突然袭击，用锥形的细长牙齿将鱼牢牢地咬住，然后带到蕨树丛中去慢慢享用。

猎者被猎

另一种观点认为，重爪龙会像北美灰熊捕捉鲫鱼一样，进入水中，挥动前肢上的大爪子，将鱼打出水面。但是，这种捕食方式并不安全，因为水面下可能隐藏着恐怖的杀手——史前巨鳄。巨鳄会突然从水中冲出，长达两米的大嘴会紧紧地咬住重爪龙，使其成为自己的食物。

恐龙小档案

名称：重爪龙、坚爪龙
生活时代：白垩纪早期
身长：8～10米
发现地点：英格兰、西班牙

大胃王——木他布拉龙
DAWEIWANG——MUTABULALONG

　　木他布拉龙是植食性恐龙，属禽龙科。木他布拉龙体形中等，以四肢行走，但也可以双足直立行走。

◗ 惊人的食量

　　一亿多年前的澳大利亚与现在的南极气候相似，冬天的时候整天没有太阳，大地一片黑暗。大部分植物不是掉光了树叶，就是进入冬眠状态。木他布拉龙的食量非常惊人，它们的体重有 2.8 吨，每天要进食 500 千克的食物。在当时的情况下，它们是如何生存的仍然不得而知。

◐ 暗夜生存

人们在离这具化石不远的地方发现了一颗鸭嘴龙的牙齿。鸭嘴龙生活在今天的南极洲，当南极变得非常寒冷时，它们就向唯一的可以生存的地方——阿根廷的温带草原迁徙。而与鸭嘴龙很相似的木他布拉龙，是不是也会不定期地迁徙，以避开澳大利亚的恶劣环境呢？

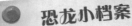

恐龙小档案

名称：木他布拉龙、木他龙、马塔巴拉龙、莫它布拉龙、穆塔布拉龙

生活时代：白垩纪早期

身长：7～9 米

发现地点：澳大利亚昆士兰省

沉重的恐龙——沉龙
CHENZHONG DE KONGLONG——CHENLONG

沉龙是鸟脚下目恐龙的一属，它们体形较大，身体重心很低，因此得名。

◐ 沉重的大个子

沉龙的体形很大，体重约为 6 吨，身长 9 米。它们的脖子较长，约 1.6 米。它们的身体重心很低，腹部离地约 0.71 米。跟近亲恐龙比起来，沉龙的尾巴显得非常短。它们的前肢短而壮，趾上有爪，具备防卫功能。

重心较低

沉龙的身体庞大而沉重,所以它很可能行动缓慢,当遭受攻击时,不可能快速奔跑。但沉龙的重心较低,这使得它可以很快地转过身来,面对敌人。

暗藏绝招

沉龙的前肢又短又壮,趾端有个很大的爪,面对敌人的沉龙一把挥向对方比较脆弱的脖子或肚皮,冷不防遭到攻击并受伤的敌人,只好转身逃跑。

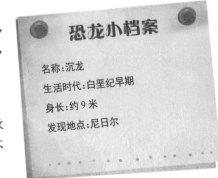

恐龙小档案

名称:沉龙

生活时代:白垩纪早期

身长:约9米

发现地点:尼日尔

鳄鱼的模仿者——似鳄龙

EYU DE MOFANGZHE——SI'ELONG

似鳄龙是种大型棘龙科恐龙。它们长着一张类似鳄鱼的嘴，生存于白垩纪的非洲撒哈拉地区。与今天撒哈拉沙漠的面积大相径庭，当时该地区多水，环境类似今天的沼泽。

◑ 又大又强壮

似鳄龙的脊椎有棘刺，类似棘龙，但没有棘龙的棘刺那样高。它们的前肢强壮，长有三趾，趾上有大型镰刀状的爪。综合以上几点，似鳄龙是种巨大且强壮的恐龙。

鳄鱼般的大嘴

似鳄龙的嘴里长着大约100颗牙齿，这些牙齿并不是非常锋利。似鳄龙的口鼻部前端较大，并有一排更长的牙齿。这些特征令人联想到那些以鱼类为食的鳄鱼，例如生存于印度的长吻鳄。

岸上捕鱼

似鳄龙的爪子很适合捕捉鱼类，如果有鲨鱼游到浅水区域，就很可能成为似鳄龙的美餐。与其他捕食鱼类的恐龙不同，似鳄龙的身躯并不大适合游泳，因此它们很可能只是在浅水或是岸上捕鱼。

恐龙小档案

名称：似鳄龙

生活时代：白垩纪早期

身长：约11米

发现地点：尼日尔

庞然大物——南方巨兽龙
PANGRANDAWU——NANFANG JUSHOULONG

南方巨兽龙是南美洲最大的肉食性恐龙，仅头骨就长达 1.8 米，体长 12 ～ 13 米，最重可达 13.8 吨，仅次于棘龙。

◑ 行走中的"大块头"

南方巨兽龙是可以用后腿支撑身体行走的"猎人"。为了支撑它们那沉重的身躯，南方巨兽龙进化出强大的骨骼及肌肉，同时也可保证它们拥有相应的速度捕食猎物。它们走路时用两条后腿，那长长的尾巴则在奔跑中起到保持平衡和快速转向的作用。

● 锋利的牙齿

　　南方巨兽龙硕大的嘴巴里长着一口锋利的牙齿，每颗牙有8厘米长。南方巨兽龙是侏罗纪最著名的掠食恐龙——异特龙的后裔，不过，南方巨兽龙的体形比前辈大了足足一倍。

● 强强对决

　　毫无疑问，南方巨兽龙是史上最厉害的掠食者之一，不过它们要对付的猎物也绝非善类，那是和它们同时期的阿根廷龙——史上最庞大的植食性恐龙。这真是强强对决，势均力敌啊！

恐龙小档案

名称：南方巨兽龙、南巨龙、巨兽龙、超帝龙、巨型南美龙

生活时代：白垩纪中期

身长：12～13 米

发现地点：阿根廷巴塔哥尼亚

长得像树懒的恐龙——懒爪龙

ZHANG DE XIANG SHULAN DE KONGLONG——LANZHAOLONG

懒爪龙在希腊文中意为"类似树懒的指爪",是种镰刀龙类恐龙,体重约1吨。

◑ 误解

懒爪龙因在美国的新墨西哥州被发现,人们一度认为它们是生活在水中的,因为当时此地处于水底。实际上,它们生存于类似沼泽的森林。

金刚狼似的利爪

懒爪龙的头很小，颈部长而细。身体竖立，由粗大的后肢支撑，尾巴相当短。前肢上长有 10 厘米长的弯曲的爪，像"金刚狼"一般锋利。懒爪龙很可能用爪拉下树枝，吃上面的树叶。当然，它们也可能用爪子来自卫。

吃肉还是吃素

镰刀龙类虽然是肉食性恐龙，但懒爪龙的牙齿却比较适合咀嚼植物。

有毛吗

懒爪龙的亚洲近亲有类似鸟类的特征，而且化石中保存了羽毛压痕，这显示懒爪龙可能也覆盖着绒毛状羽毛。

恐龙小档案

名称：懒爪龙、伪君龙

生活时代：白垩纪中期

身长：4.5～6 米

发现地点：美国新墨西哥州接近亚利桑那州边界

强悍的恐龙——鲨齿龙

QIANGHAN DE KONGLONG——SHACHILONG

鲨齿龙是已知最大最重的兽脚类肉食性恐龙，比暴龙还大。据估计，撒哈拉鲨齿龙体重约在 6 ～ 11.5 吨。

◐ 超大的头骨

鲨齿龙的头骨很长很大，但脑容量比霸王龙略小。鲨齿龙的眼眶很大，样子有点像三角形，被形容为"骷髅的眼睛"，这种形状的眼眶也起到了加固颅骨的作用。

● 超级杀手

鲨齿龙的嘴巴很长，而且还能张得很大很大，能快速撕咬。再加上它们的牙齿又大又锋利，上面有很明显的纹路，就像刺刀中间的凹槽一样，杀伤力极大。

● 强悍掠食者

鲨齿龙是非洲地区最为强悍的掠食者，在它们生活的地区甚至没有对手。捕食时，鲨齿龙会猛冲过去，撞向猎物，很多猎物被它们这么一撞都会昏过去。

恐龙小档案

名称：鲨齿龙、望齿龙、噬齿龙
生活时代：白垩纪中期到晚期
身长：12～13 米
发现地点：阿尔及利亚

当然，鲨齿龙最可怕的武器还是它们那超过 1.6 米的大嘴巴。它们冲向猎物后，张大嘴巴一阵撕咬，猎物很快就会被撕烂。

恐龙中的"飞毛腿"——棱齿龙

KONGLONG ZHONG DE FEIMAOTUI——LINGCHILONG

棱齿龙的名字意为"高冠状的牙齿",是鸟脚下目恐龙的一属。它是种相当小的恐龙,头部只有成人的拳头大小,体重 50 ~ 70 千克。

◑ 组团生活

棱齿龙是如何照看后代的目前还不清楚,但是已经发现了它们的巢穴化石,表明棱齿龙在孵化前是有所准

备的。目前已经发现了大型棱齿龙化石群,所以它们很可能是群居的。

◑ 奔跑吧,恐龙

棱齿龙有两条修长优美的后腿,能快速奔跑。另外,它们的体量很轻,骨骼纤细,而且重心低,能减小奔跑中的阻力,它们的尾巴硬挺,有效地保持了身体的平衡。

◑ 打不过,跑得过

恐龙小档案

名称:棱齿龙
生活时代:白垩纪中期至白垩纪晚期
身长:1.4～2.3米
发现地点:英国威特岛

由于个子小,棱齿龙只能啃食低矮的植物。它们先将树叶储存在颊囊里,然后再用后面的牙齿慢慢咀嚼。小个子的素食者很容易成为肉食者的猎物,快速逃跑是棱齿龙自卫的唯一方法,它们能够像羚羊一样躲闪和奔跑。它们还有敏锐的双眼,能发现远处的敌人。

长着头冠的恐龙——冠龙
ZHANGZHE TOUGUAN DE KONGLONG——GUANLONG

冠龙属于鸭嘴龙类，是大型植食性恐龙，体重约 4 吨，长着像鸭子一样的脸。它们头顶上有个造型独特的脊冠，雄性的脊冠比雌性的大些。

◑ 站着吃树叶

冠龙觅食时用后肢站立，一下子便有两层楼房那么高，用它那没牙的喙扯断树叶或松针，再送到嘴里，用牙齿嚼一嚼吞下去。

◑ 性情温和爱臭美

性情温和的冠龙天生不是好战者，它们身上没有攻击性武器，只能依靠敏锐发达的视觉和听觉去预防不测。冠龙非常喜欢展示自己，经常炫耀自己与众不同的头饰和独特的鸣叫声。

◑ 乐队报警

冠龙的脊冠可以像喇叭一样发出响声，可以起到报警或吸引异性的作用。由于脊冠的形状不同，冠龙的鸣叫声也形形色色，犹如一支古老的铜管乐队在演奏。

◑ 技多不压身

冠龙很可能会游泳，尽管速度可能很慢。它笨重的身体在陆地极难逃脱天敌的捕杀。然而，当它进入水中，它便可以躲避天敌的追杀。

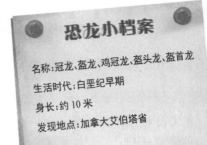

恐龙小档案

名称：冠龙、盔龙、鸡冠龙、盔头龙、盔首龙

生活时代：白垩纪早期

身长：约10米

发现地点：加拿大艾伯塔省

犀牛似的恐龙——尖角龙
XINIU SHIDE KONGLONG——JIANJIAOLONG

尖角龙是角龙科恐龙的一属,是种体形中等的植食性恐龙,四肢很结实。

◐ 那些破碎的骨骼

尖角龙群体化石被发现时,有些骨骼已经碎了,看上去好像是有些尖角龙被别的动物踩过。科学家猜想,可能有一群尖角龙在蹚过一条水流湍急的河时,因惊慌失措,而发生了互相踩踏的事件。

⬤ 头上长角

尖角龙和一头大象差不多长，和一个成年人一样高。它们的鼻骨上方有一个角，加上身体很健壮，看起来很像大犀牛。在尖角龙的眼睛上方有一对小额角，在颈盾的顶端还有两只向前的小角。

⬤ 与众不同

在尖角龙的脖子上方有一个骨质颈盾，边缘有一些小的波状隆起。这个颈盾有可能是地位的象征。估计有些尖角龙颈盾上的色彩亮丽，使它们看起来与众不同，有助于吸引异性。

恐龙小档案

名称：尖角龙

生活时代：白垩纪早期

身长：约6米

发现地点：加拿大艾伯塔省

断角之龙——河神龙
DUANJIAO ZHI LONG——HESHENLONG

河神龙又叫阿奇洛龙,生活在北美洲,属于中型角龙,体重约3吨。

◐ 超大号的鹦鹉嘴

河神龙是四足的植食性恐龙,有着鹦鹉般的喙,不过,这张鹦鹉嘴可真是超级大。在它的鼻端和眼睛后有隆起部分,在褶饰末端有两只角。

◐ 气派的名字

河神龙属的名字参考了希腊神话，阿克洛奥斯是古希腊神话中的河神，它的一只角被英雄海格力斯割断。现在所知的三个河神龙头骨都在同一位置上有隆起的部分，因其他角龙在该位置都是角，而它们的角仿佛是被拔掉的一样。阿克洛奥斯具有改变外形的能力，而河神龙就像是其他角龙的混合体。

恐龙小档案

名称：河神龙、阿奇洛龙
生活时代：白垩纪晚期
身长：约6米
发现地点：美国蒙大拿州

◐ 稀有的化石

科学家至今只发现了三个河神龙的颅骨及一些颅下骨，所有标本都存放在美国波兹曼的落基山博物馆。成年的河神龙的角超过1.6米长。

扛着帆板的恐龙——棘龙
KANGZHE FANBAN DE KONGLONG——JILONG

棘龙的意思为"有棘的蜥蜴"，是一类大型肉食性恐龙，其中的埃及棘龙是目前已知最大的肉食性恐龙，高2～4米，重4～26吨。

◑ 有用的帆板

棘龙的背上有一个醒目的标志，那就是如同扇面一样高高竖起的"帆"，它是棘龙脊柱上的突起，每一根都是直挺挺地长出来的，据说最高可达2米。这么大的帆板

有什么用呢？大概是用来求偶示爱的吧，就像今天的美洲蜥蜴。也有可能是用来控制体温的，因为棘龙生活在北非，那里干燥炎热，当天气太热时，它们就将帆向着风，让身体凉快；当天气太冷时，它们就将帆向着太阳取暖。

◐ 水陆两栖

棘龙大约生活在非洲北部沿海地区，现在那里已成为撒哈拉沙漠的一部分，但在当时还是大片植被茂密、食物充足的河口三角洲。与棘龙分享同一片土地的，还有鲨齿龙等多种大中型食肉恐龙。

◐ 捉鱼能手

棘龙的身体构造，尤其是头骨、牙齿，也显示出它们非常擅长捕鱼。它们的上下颌又长又窄，可以紧密嵌合，便于咬紧身体滑溜的鱼。

最可爱的恐龙——赖氏龙

ZUI KE'AI DE KONGLONG——LAISHILONG

赖氏龙是鸭嘴龙科的一种，是植食性恐龙，主要以针叶、观花树木的叶子以及嫩枝为食。

◐ 最可爱的恐龙

曾经有过这么一场投票，让人们选择自己心中最可爱的恐龙，赖氏龙成了许多人的选项。因为大家都觉得它很可爱。它们长着相当华丽的头饰，有点像是打破了的晚餐碟子，又像手斧，还像女人的帽饰或是压扁的茶杯。

◐ "男女有别"的头冠

赖氏龙与其他恐龙最明显的区别是：赖氏龙头上长有一个奇怪的脊冠，这个脊冠可分为两部分：前部是一个冠状物，后部有一只短角。古生物学家发现，当气流通过其脊冠时，可以发出中世纪号角般的声音。最奇特的是，它们的脊冠因性别的不同也会有所不同，还会发出不同的气味，在选择配偶的时候，也可根据脊冠部的特征来进行选择。

恐龙小档案

名称：赖氏龙、兰伯龙

生活时代：白垩纪晚期

身长：9～15 米

发现地点：美国蒙大拿州、新墨西哥州，加拿大的艾伯塔省

◑ 温顺的大个子

虽然赖氏龙的体形几乎和暴龙一样巨大，但却是种温顺的植食性恐龙。赖氏龙有着 2 米长的巨大头骨，口中长有上千颗小而尖的牙齿，用来嚼碎松针、嫩枝和松果，当老牙齿被磨损掉后，新牙齿又长出来补充。

◑ 四足散步，两足逃命

普通情况下，赖氏龙会用四脚着地，悠然自得地爬来爬去，而当其他肉食性恐龙向它发起进攻时，它便会抬起前肢，用后肢拼命奔跑。

敏捷的小强盗——伶盗龙
MINJIE DE XIAOQIANGDAO——LINGDAOLONG

伶盗龙的体形跟火鸡差不多,长有羽毛,重约15千克,在恐龙中算是小个子。

◑ 飞镰利爪

伶盗龙尖牙利爪,用两条腿高速奔跑,加上它家喻户晓的知名武器——长约9厘米的第二趾——无愧于"敏捷的盗贼"之称。当它发现猎物时,先用前肢上的利爪钩住猎物,一只脚着地,举起另一只脚,将镰刀般的第二趾扎进猎物的腹部,再一跃而起,奋力撕咬猎物的脖子等致命部位,开膛破肚,大快朵颐。

◑ 捕杀似鸡龙

大漠上数量最多的是似鸡龙。当似鸡龙群发现伶盗龙

之后,会迅速逃跑,很快,它们就没了耐力,过不多久就慢了下来。这时,伶盗龙会把它们分离出一个,包围起来,然后渐渐收缩,将它杀死。

◑ 围杀死神龙

恐龙小档案

名称:伶盗龙、迅猛龙、快盗龙
生活时代:白垩纪晚期
身长:约2.07米
发现地点:中国内蒙古

　　死神龙行动缓慢,经常成为伶盗龙的捕杀对象。死神龙也算大型恐龙,加上前肢左右各3把镰刀般的趾爪,自卫能力极强,连特暴龙都不敢随意对它发动进攻。而伶盗龙则另有办法。在发现死神龙群后,伶盗龙迅速包围上去,并留下一个明显的缺口。当死神龙群由缺口逃亡时,伶盗龙选中一只将其紧紧围死。正面的伶盗龙摆开架势吸引它的注意力,其他伶盗龙纷纷跳到死神龙身上,持续不断的攻击使强壮的死神龙很快支撑不住,最后轰然倒地,成为美食。

最有母爱的恐龙——慈母龙
ZUI YOU MU'AI DE KONGLONG——CIMULONG

慈母龙是体形较大的植食性恐龙，体重估计约2吨。前肢比后肢短，走路时习惯用四肢，但是奔跑时就用两条后腿，速度很快。

◑ 恐龙界的好妈妈

慈母龙的学名意为"好妈妈蜥蜴"。很多恐龙产下蛋后一走了之，任小宝宝自生自灭，但慈母龙却会选择一个高地，精心筑巢，下面垫上泥土和小石子。雌性慈母龙会产下约25枚蛋，并耐心孵化，雄性慈母龙也会寸步不离地看护恐龙蛋。小宝宝出生后，慈母龙会把种子和果实喂给它，甚至把坚硬的食物嚼碎，喂给小宝宝吃。当小宝宝可以走路时，慈母龙家族一同外出，成龙走在两侧，幼龙走在中间，就像象群一样，便于保护。

◑ 尾巴防身

慈母龙用四肢行走，但是获取食物的时候是用双腿站立的。它的尾巴很长，十分坚硬，不仅可以用来保持身体的平衡，还能在肉食性恐龙来侵袭的时候作为防身的武器，将敌人赶走。

◑ 组团御敌

慈母龙是植食性恐龙，除了强壮的尾巴以外，没有其他抵抗掠食者的本事，所以，它们只好组团集体行动。这些慈母龙群体非常庞大，最多可能有一万只。

恐龙小档案

名称:慈母龙

生活时代:白垩纪晚期

身长:6～9米

发现地点:美国蒙大拿州

鸵鸟似的恐龙——似鸟龙

TUONIAO SHIDE KONGLONG——SINIAOLONG

似鸟龙，一看名字就知道，它一定非常像现在的鸟。的确是这样，似鸟龙的眼睛像猫头鹰那样圆而大，两腿修长，前肢能向后缩，贴在身体两侧，可能在奔跑时，它只用后肢，而前肢只是捕捉动物时才用。

◑ 奔跑吧，似鸟龙

似鸟龙是二足行走的恐龙，外表类似鸵鸟。似鸟龙的骨头轻而中空，能够快速奔跑，硬挺的尾巴起到平衡的作用。

◑ 杂食动物

　　长期以来，人们普遍认为似鸟龙是以肉食为主的杂食性动物，它们常常从溪流或池塘的浅水处，过滤细小的浮游生物，偶尔吃吃果子。但从似鸟龙的体形，以及它们当时的生活的环境来推测，不可能有那么多的浮游生物来供它们捕食。从它的角质喙状嘴来看，既有鸭子那样过滤浮游生物的能力，也有植食性动物的进食特点。

恐龙小档案

名称：似鸟龙
生活时代：白垩纪晚期
身长：约3.5米
发现地点：加拿大

◑ 我爱素食

　　在2003年发现的似鸟龙化石中，人们发现了胃石，这是似鸟龙类以植物为主食的最有力证明。我们可以想象，在7000万年前的亚洲与美洲大陆上，一群群似鸟龙无须整天窝在水边，而是抱着树枝或果子大快朵颐呢！

最聪明的恐龙——伤齿龙
ZUI CONGMING DE KONGLONG——SHANGCHILONG

以前，人们曾以为伤齿龙愚蠢呆笨，但当伤齿龙的整副骨架被组合完成时，从身体和大脑的比例来看，伤齿龙的脑袋是恐龙中最大的。再加上灵敏的感觉器官，它们被认为是最聪明的恐龙。

◐ 眼睛大，视力佳

伤齿龙的大眼睛长在头部前方，视力极佳。它的耳部结构也跟其他恐龙不同，它的中耳宽阔,说明听力也相当不错,可依靠精准的听力来确定小型猎物的具体位置。

◖ 奔跑如风

　　伤齿龙拥有非常修长的四肢,表示它们可以快速奔跑。它们的长臂可以像鸟类一样往后折起,而前肢拥有相对灵活的拇指。

◖ 挖个坑,再下蛋

　　伤齿龙喜欢择水而居,当它们产卵时,先用爪子在沙地上挖一个坑,然后蹲下来,身子成直立或半直立状态,将蛋准确地产在挖出的坑里,接着再用沙土把蛋埋起来。它们也会孵蛋。

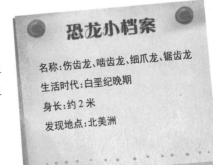

恐龙小档案

名称:伤齿龙、啮齿龙、细爪龙、锯齿龙

生活时代:白垩纪晚期

身长:约2米

发现地点:北美洲

牙齿最多的恐龙——鸭嘴龙
YACHI ZUIDUO DE KONGLONG——YAZUILONG

　　我国第一具鸭嘴龙化石发现于黑龙江嘉荫县的龙骨山，是被渔民发现的。消息被俄国地质学家得知后，1915～1917年他们连续来我国进行大规模的调查与发掘，定名为鸭嘴龙。

◗ 没错，就是吃素的

　　鸭嘴龙可能用后肢奔跑，但进食时可用前肢支撑自己；如同所有鸭嘴龙科，鸭嘴龙是植食性恐龙，它们吃树枝、树叶。它们的足部有三根趾头，后肢长而有力，前肢则小而无力。

◗ 宽宽的嘴巴像鸭子

　　鸭嘴龙最大的特征就是头上的脊冠，这也是它们的共同特征。因为它们长着宽阔的鸭子似的嘴巴，所以便有了这样一个名字。

◐ 重重叠叠牙齿多

　　和鸭子一样,鸭嘴龙的嘴边缘扁平,嘴巴里密密麻麻地长了 2000 多颗菱形牙齿,是牙齿最多的恐龙。因为数量多、地方窄,这些牙只能斜着长,而且是互相重叠的。这么多的牙齿,加上结实的关节和发达的咬合肌肉,再坚韧的植物纤维都能被它们轻易咬碎。

恐龙小档案

名称:鸭嘴龙

生活时代:白垩纪晚期

身长:7～10 米

发现地点:加拿大北部

背"黑锅"的恐龙——窃蛋龙

BEIHEIGUO DE KONGLONG——QIEDANLONG

窃蛋龙是种小型恐龙,大小如鸵鸟。窃蛋龙是最像鸟类的恐龙。

◑ 偷蛋,还是孵蛋

1923 年,科学家发现了第一具窃蛋龙的骨架化石,当时这副骨架正好趴在一窝原角龙的蛋上。人们以为这种恐龙正在偷蛋,就给它取了这样一个名字。直到 1990 年,一副完整的窃蛋龙骨架被发现:它正卧在恐龙蛋的上面,跟母鸡孵蛋似的,显然并不是在偷蛋。可是,根据规定,窃蛋龙这个名字已不能更改了,它们只能继续把"黑锅"背下去了。

◑ 把蛋藏起来

窃蛋龙的巢穴既是居家之所,也是孵蛋的产房。这个圆锥形的巢穴一般深 1 米,直径 2 米。它们还会做足隐蔽工作,把植物的叶子覆盖在巢穴上。

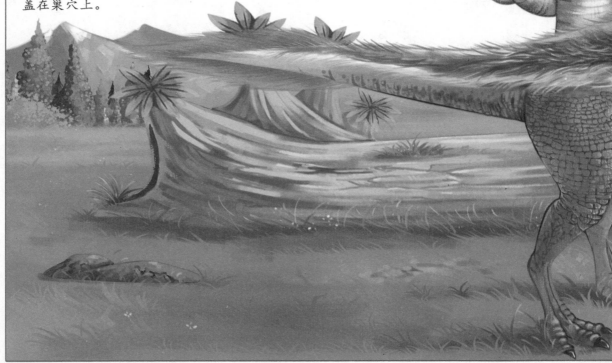

◑ 逃跑如飞

　　窃蛋龙有坚硬的喙，这使它们能轻松地敲开软体动物的壳，因此，它们很有可能是杂食性的。如果它们真的偷蛋的话，一旦被发现，凭着强健的后肢和坚韧的尾巴，也能够快速逃离。

恐龙小档案

名称：窃蛋龙、偷蛋龙

生活时代：白垩纪晚期

身长：1.8～2.5米

发现地点：中国内蒙古、蒙古国

叫声最大的恐龙——副栉龙
JIAOSHENG ZUIDA DE KONGLONG——FUZHILONG

副栉龙是鸭嘴龙科的一属，体重9吨。

尾巴掌舵

就像其他鸭嘴龙科恐龙一样，副栉龙是大型的植食性恐龙。用四肢爬行，也可以快速地奔跑，它那长长的尾巴可以在奔跑或游泳时控制方向。

◑ 一生都在长的牙齿

副栉龙的牙齿有数百颗，一生都在不停地生长，而在同一时间里，只有一小部分被使用，咀嚼矮小灌木的树叶和坚果是再合适不过啦！

◑ 自带音箱放声唱

副栉龙最引人注目的地方就是它们头上的脊冠了，脊冠它与鼻腔相连，这样就在头部形成了一个共鸣箱，也就相当于自带了一个扬声器。当遇到敌人或者是自己中意的配偶时，副栉龙就能借助这个自带的音箱发出巨大的吼声。鉴于此，人们一致认为副栉龙应该是叫声最大的恐龙。

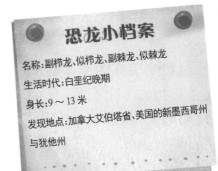

恐龙小档案

名称:副栉龙、似栉龙、副棘龙、似棘龙

生活时代:白垩纪晚期

身长:9～13 米

发现地点:加拿大艾伯塔省、美国的新墨西哥州与犹他州

鸡的模仿者——似鸡龙

JI DE MOFANGZHE——SIJILONG

似鸡龙头部较小，头与身体的比例与鸡一样，但它们的目光敏锐，嘴部长而尖，前肢生有 3 个利爪，可用来刨开泥土窃取其他动物的蛋。不过，似鸡龙主要以植物为食，属于杂食性恐龙。

奔跑如风

似鸡龙极善奔跑，长相和没有羽毛的鸵鸟很相似，见到了敌人，它们就会拼命逃跑，既然没有足以和敌人对抗的锋牙利爪，逃跑也不失为一种好对策。

◑ 敏锐的大眼

它小小的脑袋两侧长着一双大大的眼睛，因此能敏锐地观察到四面八方的风吹草动，许多肉食性恐龙在发起攻击之前就被它们轻易地发现了。

◑ 一双细长腿

似鸡龙的后肢又细又长，用来奔跑简直再合适不过了，那条长长的尾巴还可以在奔跑时保持身体的平衡。前肢虽然不是很长，但可以抓握东西，通常用来抓握其他恐龙的蛋、小动物、小昆虫，或是植物的果实，吃东西的时候还真的很方便呢！多数情况下，它们以植物为食，但也吃小昆虫，甚至还能捕食蜥蜴。

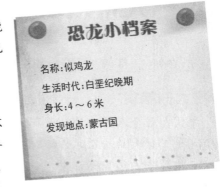

恐龙小档案

名称:似鸡龙

生活时代:白垩纪晚期

身长:4～6米

发现地点:蒙古国

大脑袋恐龙——牛角龙

DA NAODAI KONGLONG——NIUJIAOLONG

牛角龙是角龙科恐龙的一种,为植食性恐龙,重约 4 ~ 6 吨。

◑ 庞大的脑袋

牛角龙最令人惊叹的就是那庞大的颈盾,长 2.6 米,整个脑袋几乎占了身体的一半。当牛角龙低下巨大的脑袋时,颈盾看起来巨大无比。这种庞然大物的身长和大象一样,体重超过了五头犀牛的总重量。

◑ 脑袋大,脑子小

牛角龙用四肢行走,以低矮植物为食,用巨大的喙咬下树叶。尽管牛角龙头骨的大小是人头骨的 13 倍，但它们的大脑却很小。

来吧，决一死战

牛角龙凭借那无比巨大的颈盾，和眼睛上面的两只大尖角，即使是与最庞大的肉食性恐龙较量也毫不逊色。首先，牛角龙会左右摆动那巨大的脑袋吓唬对方，接着叉开两条前腿站稳，做好战斗准备，最后把角一抵，开始进行力的较量。

交个朋友吧

牛角龙的角和颈盾并不仅仅是武器，还是吸引异性的手段。在异性面前，雄牛角龙那巨大的颈盾可能会充血，此时颈盾的色彩变得极为艳丽而引人注目，再加上美丽的角和庞大的身体，往往会获得异性的好感，获得交配权。

恐龙小档案

名称：牛角龙

生活时代：白垩纪晚期

身长：约 7.6 米

发现地点：美国怀俄明州

角最多的恐龙——戟龙

JIAO ZUIDUO DE KONGLONG——JILONG

戟龙是种大型植食性恐龙,高度约 1.8 米,重约 3 吨。

● 个子矮,够不着

戟龙四肢较短,身体笨重,尾巴相当短。因为头部无法抬得很高,所以戟龙可能以低矮的植物为食,但也可能会用身体撞倒较高的植物。它那又长又窄的喙状嘴,比较适合抓取、拉扯,而不是咬合。和其他的角龙类一样,戟龙是一种群居动物。

● 角多，数第一

如果要说大型角龙类中谁的角最多，根据最新的发现，恐怕会产生两个候选对象：戟龙和阿尔伯脱角龙。但是阿尔伯脱角龙的 26 个角中只有 4 个可以称为角，其余的均为凸起和棘刺。而戟龙的 7 个角也只有一个是角，其余也只是棘刺，但这些棘刺的外形极为特殊，与角的形状无异。所以，大家都认定戟龙是角最多的恐龙。

恐龙小档案

名称：戟龙、刺盾角龙
生活时代：白垩纪晚期
身长：约 5.5 米
发现地点：加拿大艾伯塔省

● 有角，就不怕

戟龙性格温顺，却敢于和肉食性恐龙对抗，甚至敢反击霸王龙。被戟龙的鼻角顶中将是致命的，它们颈盾周围的尖刺能够很好地保护自己。很多时候，戟龙不用参战，只需要晃晃满头的尖角就能吓退进攻者。

挖掘能手——单爪龙
WAJUE NENGSHOU——DANZHAOLONG

单爪龙意为"单一的爪",是兽脚类恐龙的一种,是种小型肉食性恐龙。

◑ 是原始鸟吗

单爪龙有几个重要的特征都与鸟类有关,比如它们长着龙骨突,这是鸟类的典型特征。所以,单爪龙的发现者认为它是一种不会飞行的鸟类或长有短小单爪前肢(而不是翅膀)的原始鸟。

◑ "一指神功"

单爪龙的骨骼很轻,长着一条长长的尾巴和一对细长的后肢,最令人惊奇的是它那对长

着单个利爪的前肢。这对粗壮结实的爪大得不成比例，很容易让人联想到现代的食蚁兽。而且，单爪龙的头部很小，牙齿小而尖，说明它以昆虫和小型动物为食，所以，它应该是用这对有力的爪挖开地下昆虫的巢穴并大饱口福的。

◑ 奔跑健将

而单爪龙那细长的后肢与柔韧的颈部说明它应该善于奔跑，这或许是它逃避敌害的手段。

恐龙小档案

名称：单爪龙
生活时代：白垩纪晚期
身长：约1米
发现地点：蒙古西南部

全身披甲的恐龙——甲龙
QUANSHEN PIJIA DE KONGLONG——JIALONG

甲龙的头又宽又平，覆盖在面部的厚甲板和头上侧的三角形突棘，使得它们的头部就像戴上了钢盔一般。

◐ 笨重的"坦克"

甲龙是一类以植物为食，全身披着"铠甲"的恐龙。它们体形中等，后肢比前肢长，身体笨重，只能用四肢缓慢爬行，看上去有点像坦克，但它们凭借着一套完美的防御设施可以同最残暴的掠食性恐龙抗衡。

◐ 铠甲勇士

甲龙堪称恐龙时代最强悍的植食性动物，它那身复杂的甲板由成千上万个如一分钱硬币大小的皮骨板以及直径数十厘米的甲板组成。这些甲板覆盖着坚韧的角质层，嵌入皮肤之中，甚至连眼睑上都长有甲板，真可谓武装到了极致。

◐ 奇宝"流星锤"

甲龙的锤状骨位于尾巴的最末端，呈双蛋形，重量通常可达 50 千克。使用这把"流星锤"时，其"锁链"（即尾巴）是以左右摇摆的扇面攻击为主的。

恐龙小档案

名称:甲龙、坦克龙、防弹武僧

生活时代:白垩纪晚期

身长:5～6.5米

发现地点:美国蒙大拿州

凶猛恐怖的猎手——特暴龙
XIONGMENG KONGBU DE LIESHOU——TEBAOLONG

　　如同这种恐龙的学名一样,特暴龙的确是一种"令人吃惊的蜥蜴"。它是目前为止人们在亚洲发现的体形最大的掠食性恐龙,重达数吨,拥有数十颗大型、锐利的牙齿。

◗ 两足奔跑

　　特暴龙的体形比暴龙略小一些, 它们的前肢和暴龙一样十分短小,但长着尖锐的爪。它们的后肢还有四个粗壮的脚趾,可以在奔跑时给身体提供强有力的支持。

◗ 精良的武器

◑ 精良的武器

特暴龙跟暴龙一样,是十分凶猛的巨型肉食性恐龙,体形略瘦。嗅觉灵敏,可能跟暴龙一样是靠嗅觉追踪猎物的。特暴龙很可能比暴龙更可怕,尽管它们的头骨比暴龙窄一些,但更结实,下颌的连接处虽然不灵活,但是可以产生比暴龙更强的咬合力,而且特暴龙的牙齿大小一点也不输给暴龙。因为有这么精良的武器,所以特暴龙分布广泛,可选择的食物也很多。

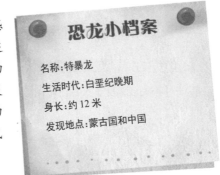

恐龙小档案

名称:特暴龙

生活时代:白垩纪晚期

身长:约12米

发现地点:蒙古国和中国

◑ 顶级猎手

特暴龙位于食物链的顶端,是一种顶级掠食者。它的口中长着锐利的牙齿,任何猎物一旦被它咬住都很难逃脱。如果可能的话,特暴龙不会自己直接去捕猎,而是去抢夺其他恐龙的"战利品",或者干脆就去食用其他恐龙的尸体。

嘴像鸟的恐龙——纤角龙
ZUI XIANG NIAO DE KONGLONG——XIANJIAOLONG

纤角龙在希腊文意为"有纤细角的面孔"，重量可能在 68 千克到 200 千克之间，是一种头部很大、结实健壮的恐龙。

◐ 罕见的化石

之前的大多数原角龙类恐龙都被发现于亚洲，但是，纤角龙的化石却在北美洲被发现，这是极为罕见的。

脖子上有装饰吗

纤角龙的颈部有一种扁平状的骨质装饰物，纤角龙用四肢行走，尾巴较短，前脚上有五个趾，可以用来取食低矮树木上的叶子和果实。

嘴像鸟一样

纤角龙虽然不像大多数恐龙那样头上长角，却有着像鸟类一样的喙状嘴。白垩纪时期，被子植物遍布大陆，纤角龙可能就是以这些植物为食，也有蕨类植物、苏铁等植物。纤角龙就是用它的喙状嘴咬下树叶或针叶。

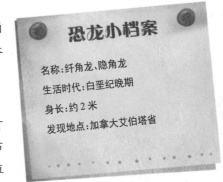

恐龙小档案

名称：纤角龙、隐角龙
生活时代：白垩纪晚期
身长：约2米
发现地点：加拿大艾伯塔省

全副武装的恐龙——包头龙

QUANFUWUZHUANG DE KONGLONG——BAOTOULONG

包头龙是最大的甲龙科恐龙,体形接近于小象。化石标本显示,包头龙喜欢独来独往,虽然全副武装,但四肢却相当灵活。

◐ 铠甲包裹

甲龙类是些身披重甲的植食性恐龙，包头龙更是连眼睑上都武装着甲板，真正是"武装到牙齿"了。

◐ 背插利刃

包头龙的全身不光有重甲覆盖，还配有尖利的骨刺，看起来整个背都插满了匕首。

◐ "流星锤"制敌

它的尾巴更像一根结实的棍子，尾端还有沉重的骨锤，遇到敌人袭击时，它会挥起"流星锤"，用力抽打袭击者的腿部。像其他甲龙一样，它们也有水桶般的身躯，里面装着十分复杂的胃，用来慢慢消化食物。

恐龙小档案

名称：包头龙、优头甲龙
生活时代：白垩纪晚期
身长：约6米
发现地点：加拿大艾伯塔省

最会挖洞的恐龙——掘奔龙
ZUI HUI WADONG DE KONGLONG——JUEBENLONG

掘奔龙意为"挖掘的奔跑者"，是鸟脚下目棱齿龙科的一种。

死在洞中

掘奔龙的三个标本都是在一个地下洞穴里发现的。这三个标本聚集在洞穴中，关节脱落，表明它们是死在这个洞穴中的。另外，研究人员发现，这个洞穴很有可能是成年掘奔龙为养育幼龙而挖掘的。

◑ 爱上洞中生活

掘奔龙是种小型的、行动敏捷的植食性恐龙，也是第一种被证明穴居的恐龙。掘奔龙的尾巴缺乏支撑力，与大部分鸟脚类恐龙不同，但这却令它们更适合穴居生活。

◑ 专业的挖洞工具

与现在的鼹鼠等穴居动物相比，掘奔龙前肢的挖掘能力还是比较差的。但是，在当时的动物中，它们已经算是"专业级"的挖洞高手了。

恐龙小档案

名称：掘奔龙

生活时代：白垩纪晚期

身长：约2.1米

发现地点：美国蒙大拿州

孵宝宝的恐龙——萨尔塔龙
FU BAOBAO DE KONGLONG——SA'ERTALONG

萨尔塔龙属蜥脚类恐龙,在这类恐龙中,它们的体形算是相当小的,体重约7吨。

◐ 吃不够,站起来

萨尔塔龙是一种大型的植食性恐龙。它们的牙齿仅长在嘴的后方,而且牙齿是钝的。它们可能用后腿站起来,并将尾巴当作支柱,以便站起来够到较高的树枝嫩叶。

◑ 技多好防身

　　萨尔塔龙拥有类似梁龙的头和长长的脖子，身体覆盖着像铠甲一样的骨板，某些骨板还长有尖刺。在此之前，人们认为蜥脚类恐龙都是靠巨大的体形作防御手段的，但是骨板的发现，证明它们的防御手段不止一种。

◑ 挖个洞孵宝宝

　　1997 年，人们发现了一个大型的恐龙巢，里面

恐龙小档案

名称：萨尔塔龙、索他龙

生活时代：白垩纪晚期

身长：约 12 米

发现地点：阿根廷萨尔塔省

有些萨尔塔龙蛋，可以看出，这是几百个雌性恐龙挖掘的洞穴，它们在那里产下了蛋，还用泥土或植物把这些蛋盖了起来。所以，它们是一种会孵蛋的恐龙。

顶级掠食者——达斯布雷龙

DINGJI LÜESHIZHE——DASIBULEILONG

达斯布雷龙是暴龙科的一种。就像其他已知的暴龙科，达斯布雷龙是重达数吨的猎食动物，长着很多尖锐的牙齿。

◑ 长相特征

达斯布雷龙的前肢短小，但与其他暴龙类相比则较长。平均体重超过4吨，最大的个体可超过6吨，体形和现今的亚洲象相当。与同类相比，它们的吻部和前颌骨更为宽大，身体粗壮厚重，前肢比例更长，头部很宽大。

◑ 恐怖菜单

达斯布雷龙位于食物链的顶端，以大型恐龙为食，例如尖角龙、亚冠龙等。

◑ 天性嗜杀

达斯布雷龙是白垩纪晚期最凶猛的恐龙之一，可与霸王龙这样的大型肉食性恐龙竞争。它们性格暴躁，天生嗜杀，嘴里长满了尖锐的獠牙，轻轻一咬就能碎石断木，强壮而修长的后肢拥有惊人的奔跑速度。

◑ 生活习性

达斯布雷龙极少群居，大多是零零散散地分布在树林、山谷、溪边，它们不喜欢在山上，有时住在山林中的洞穴里，有时住在浓密的丛林中，以突袭的方式捕获猎物。

恐龙小档案

名称：达斯布雷龙、恶霸龙、惧龙
生活时代：白垩纪晚期
身长：约10米
发现地点：加拿大艾伯塔省

不畏强敌的恐龙——三角龙
BUWEI QIANGDI DE KONGLONG——SANJIAOLONG

三角龙是植食性恐龙，是最晚出现的恐龙之一。三角龙臀高约 2.9 ～ 3 米，体重约 6.1 ～ 12 吨。

◑ 坏脾气的草食者

三角龙是最著名的恐龙之一，它们与霸王龙生活在同一块陆地上，科学家们根据化石推测，霸王龙与三角龙确实会发生争斗。三角龙最强的对手是霸王龙，霸王龙最爱的猎物就是

三角龙，而一头成年三角龙完全有能力对抗一只成年霸王龙，所以，霸王龙一般只会对三角龙里的老弱病残下手。

看家武器

三角龙体形巨大，四肢粗壮，外形很像犀牛。颅骨后长有很大的像盾牌一样的颈盾，头部共生有3只角，鼻子上的那只角较短，称为鼻骨，眼睛正前方两只1米长的角为眉角，这是三角龙的看家武器。

这样的进攻

大家认为三角龙遇到天敌时，会低下头以长角对敌，然后像犀牛一样加速奔跑向其撞去。不过，最新研究显示，这样很容易使鼻骨骨折。所以，三角龙可能是面向敌人，头部一上一下有规律地运动，用长长的眉角向对手刺去。

恐龙小档案

名称：三角龙、碎嘴龙、陋龙
生活时代：白垩纪晚期
身长：7.9～9米
发现地点：美国科罗拉多州丹佛市附近

凶猛的捕食者——霸王龙

XIONGMENG DE BUSHIZHE——BAWANGLONG

霸王龙属暴龙科中体形最大的,同时它们也是最为凶猛的肉食性恐龙。霸王体重约 9 吨,最重可达 14.85 吨。霸王龙是最晚灭绝的恐龙之一,是已知最大的陆地肉食性动物。

◐ 可怜的"小手"

霸王龙的前肢比较短,长度仅 80 厘米左右,相对它巨大的体形和后肢

来说，前肢显得非常细小，无法伸到嘴边，也不能触及
自己的脚，可能仅仅是用来平衡它们巨大的头部吧。

恐怖之嘴

霸王龙的巨头上有着一张巨嘴，巨嘴里的牙齿和
香蕉一样大，而且咬力惊人。据科学家计算，成年霸王
龙的咬力大约可以达到 10 吨到 20 吨之间，可以轻易
地咬穿猎物的皮肤，咬断它们的骨骼。

霸王的菜单

霸王龙的平均寿命只有 30 岁，一生中的主要时间
都用来捕食。它们的菜单上有甲龙、鸭嘴龙和三角龙。甲龙肉少，不够美味；鸭龙跑得快，
难捕捉；三角龙也不会束手就擒，且完全有能力与霸王龙对抗。看来，霸王龙生活得也不容
易啊！

恐龙小档案

名称：雷克斯暴龙、暴龙、霸王龙

生活时代：白垩纪

身长：11.5 ～ 14.7 米

发现地点：美国蒙大拿州

恐龙中的猎豹——食肉牛龙
KONGLONG ZHONG DE LIEBAO——SHIROUNIULONG

　　食肉牛龙是中型肉食性恐龙，体重约为2.5吨。食肉牛龙的股骨很粗，肩胛骨也很大，因此体重比同样体长的食肉龙更重。

◐ 风一般的速度

　　食肉牛龙和霸王龙很像，它们的前肢都非常短小，而且都是凶猛的肉食性恐龙，甚至食肉牛龙的前肢比霸王龙的更小。食肉牛龙的行动速度非常快，是人们已知的速度最快的肉食性恐龙，速度可达每秒17米（约每小时60千米）。

◐ 头上长角

食肉牛龙最特别的地方就在于它头上的那对尖角，但是这对尖角既不够大，又不够硬，所以食肉牛龙不太可能把它们当作武器攻击敌人。古生物学家猜测，这对尖角可能是食肉牛龙成年的标志，它们随着食肉牛龙的成长慢慢地长大，当这对角长到一定程度时，就证明食肉牛龙已经成年了。

恐龙小档案

名称：食肉牛龙、牛龙、肉食牛龙

生活时代：白垩纪末期

身长：约8米

发现地点：阿根廷巴塔哥尼亚

◐ 皮肤上面长鳞片

目前，古生物学家已经找到了食肉牛龙的皮肤印痕化石。从这些化石来看，食肉牛龙的身上覆盖着密密麻麻的鳞片，这些鳞片像一个个小圆盘，大小形状都差不多。另外，在食肉牛龙背部的两侧，还排列着一些半圆锥形鳞片。由此，古生物学家推测，可能所有大型肉食性恐龙的身上都覆盖着类似的鳞片。

像山羊般打架的恐龙——肿头龙

XIANG SHANYANG BAN DAJIA DE KONGLONG——ZHONGTOULONG

肿头龙是植食性恐龙，体重约 3 ～ 4 吨。据说，肿头龙这种恐龙头骨的厚度是人类头盖骨厚度的 50 倍，所以才有了这样的名字。

◐ 用"角"打架

你见过两只山羊搏斗的场面吗？它们都站立着，相互隔开一段距离，然后往前一冲，两个头就撞到一起了——严格地说，是它们的大角撞到一起了。肿头龙就是一种以坚硬厚实的头骨为"角"的恐龙，它们也像山羊一样喜欢以"角"来争斗。

◐ "安全帽"下的小脑子

肿头龙的头骨实在是太厚了，给人的感觉像是戴了一项高高的"安全帽"一样。但是，被厚厚的头骨包裹着的大脑却小得可怜，仅仅相当于一个核桃的大小。

◐ 锤子般的脑袋

相对而言,肉食性恐龙的头骨较厚,植食性恐龙的头骨较薄,但肿头龙却是例外,其厚度可达25厘米。由于头盖骨太厚,头骨上部的孔洞也封闭了,使其变成了一个结实的锤子。而且,肿头龙的脸部和口部还长着角质或骨质突起的棘状物或月瘤,看起来面目狰狞恐怖。

◐ "重锤"出击

因为有了厚厚的头骨的保护,肿头龙十分擅长用头顶撞,当它们看中了某只雌性肿头龙,或者想在其他同类面前炫耀自己力量的时候,就会选择用头顶撞的方式。当肿头龙遭到肉食性恐龙侵袭时,恐怕也会用"重锤"般的脑袋狠狠地回击敌人。

恐龙小档案

名称:肿头龙、厚头龙

生活时代:白垩纪末期

身长:约4.5米

发现地点:美国蒙大拿州、南达科他州、怀俄明州

它有心脏吗——奇异龙
TA YOU XINZANG MA——QIYILONG

奇异龙是种小型恐龙,是白垩纪至第三纪灭绝事件前最后的几类恐龙之一。

◐ 慢吞吞地走

奇异龙的胸部、背部很宽,四肢健壮,足部也很宽。它们用四条腿行走,但是股骨比胫骨还长。根据独特的腿部结构,加上较重的体重,人们推测它们的行进速度不会很快。

◐ 心脏,还是结石

在 2000 年,一具奇异龙的骨骼标本被发现,研究人员发现标本上有四腔室心脏与一个主动脉的痕迹。根据心脏结构,研究人员认

为奇异龙的新陈代谢较快,并非冷血动物。不过,他们的结论又遭到否定——其他研究人员宣称,这颗类似心脏的物质其实是个结石。到底是心脏还是结石,还有待更进一步的研究。

◑ 吃草,还是草肉都吃

奇异龙是种体形强壮的恐龙,可能吃草,也可能是杂食性动物。它们可能以低矮的植物为食。奇异龙的嘴巴前面有一个长而窄的喙,上颚长有牙齿,上颚的牙齿小而尖,两边的颊齿是叶状的。

恐龙小档案

名称:奇异龙

生活时代:白垩纪晚期

身长:2.5～4 米

发现地点:美国怀俄明州奈厄布拉勒郡

最畸形的动物——翼手龙
ZUIJIXING DE DONGWU——YISHOULONG

翼手龙是翼龙类，但它们并不是真正的恐龙，只是恐龙的近亲，主要生活在亚洲和欧洲。

◑ 有的大，有的小

翼手龙的大小不一，小的像麻雀，大的像鹰。它的头骨轻而紧密，脖子长而柔软，嘴巴细长。

◑ 宽大的翅膀

专家们称它为从古至今最畸形的动物。翼手龙展开双翅，宽度可达 8.2 米。骨头是空的。大部分时间在空中和海面上滑翔。

① 空中捕食

翼手龙是一种肉食性的动物。从它的前肢长有薄膜状的翅膀，可以用来飞行，且飞行能力较强，可以在飞行中捕食。它们通常以昆虫为食，也会捕食鱼类。

① 飞行？滑翔？

翼手龙的后肢短小，在陆地上并没有太多的用处，因此翼手龙大部分时间都是在空中飞行的。不过也有一些科学家认为，翼手龙中体形较大的，可能不擅飞行，它们有可能是先爬到高处，然后迎风张开翅膀，滑翔一阵。

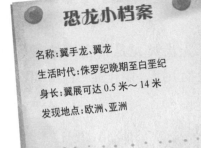

恐龙小档案

名称：翼手龙、翼龙
生活时代：侏罗纪晚期至白垩纪
身长：翼展可达 0.5 米～14 米
发现地点：欧洲、亚洲

"知名人士"——无齿翼龙
ZHIMING RENSHI——WUCHI YILONG

无齿翼龙是种会飞的爬行动物，是翼龙类的一种，并非真正的恐龙。它们几乎没有尾巴，躯干很小，重20千克。

⊙ 翼龙中的"知名人士"

无齿翼龙可能是在所有翼龙当中"知名度"最高的一种！它们主要生活在海边的悬崖峭壁上，靠捕食海洋中的鱼类为生，有的时候，为了寻找更多的食物不得不飞到远离陆地的海域。

◐ 专门的"食物口袋"

无齿翼龙口腔里有一种专门的"食物口袋",可以用来暂时存储猎物。它们在海面上盘旋,一旦发现猎物便会一个俯冲,用长长的嘴巴把鱼叼起来。虽然口腔中没有牙齿,但是因为有强健的下颚肌肉,它们也可以紧紧地咬住猎物,不会轻易丢掉到嘴的食物。

◐ 远远地飞

无齿翼龙也许会有皮毛,但是不会有羽毛。它们脑袋大,视力非常好,没有牙齿。无齿翼龙能够扇动翅膀飞翔,而且还能飞很长的距离。它们头部的后侧有着尖尖突起的冠,据说这种冠可以帮它们在飞翔时保持平衡。

恐龙小档案

名称:无齿翼龙

生活时代:白垩纪晚期

身长:翼展 7～9 米

发现地点:美国堪萨斯州

图书在版编目（CIP）数据

恐龙王国大百科 / 李翔编. -- 长春:吉林出版集团股份有限公司，2020.1（2022.8 重印）
（儿童成长必读经典）
ISBN 978-7-5581-4076-1

Ⅰ.①恐… Ⅱ.①李… Ⅲ.①恐龙—儿童读物
Ⅳ.①Q915.864-49

中国版本图书馆 CIP 数据核字(2019)第 232508 号

KONGLONG WANGGUO DA BAIKE
恐龙王国大百科

编　　者：李　翔
出版策划：齐　郁
选题策划：刘中华　赵晓星
责任编辑：赵晓星

出　　版：吉林出版集团股份有限公司
　　　　　（长春市福祉大路 5788 号，邮政编码:130118）
发　　行：吉林出版集团译文图书经营有限公司
　　　　　（http://shop34896900.taobao.com）
电　　话：总编办 0431-81629909　　营销部 0431-81629880/81629881
印　　刷：三河市嵩川印刷有限公司

开　　本：889mm × 1194mm 1/24
印　　张：8
字　　数：100 千字
版　　次：2020 年 1 月第 1 版
印　　次：2022 年 8 月第 2 次印刷
书　　号：ISBN 978-7-5581-4076-1
定　　价：48.00 元

印装错误请与承印厂联系　电话:13932608211